原色図鑑

世界の美しすぎる昆虫

宝島社

まえがき

　昆虫の世界はとにかく多様である。

　魚類、鳥類、われわれヒトを含む哺乳類などと比べると、まず圧倒的に種数が多い。概算でこれまでに世界から100万種が知られているが、実際にはこの数倍が確実に生息している。つまり、大部分の種が名前のない状態で人知れず生活しているのである。
　実際、毎年何千種もの新種が発表されて続けており、ときに驚くような大発見もある。
　そして、種が違えば、だいたい異なった姿、違ったくらし方をしている。言いかえれば、昆虫だけでも、この世界には何百万という生き物の姿、くらし方があるのである。
　このことは、昆虫を観察したり、研究したりすることが、いかに底知れない、際限のない営みであるかを明確に示している。
　昆虫は基本的にひっそりと生きていて、見つけることさえ難しいもの

が大半である。研究者のわたしが言うのもおかしな話だが、「昆虫を知り尽くす」などということは、人類総出で励んだとしても絶対に不可能だ。その概要を知るというだけでも、個人の能力では容易に限界を超えてしまうだろう。

　しかし昆虫は、それで諦めるにはもったいないだけの魅力をもっている。先人たちの知識の積み重ねや、多くの写真家の努力によって撮られた姿だけでも、十分に面白く、同時にさまざまなことを知ることができる。

　本書は、そんな昆虫の世界の面白い場面ばかりを集め、まさに「いいとこどり」した1冊と言えよう。

　信じられないほどに極彩色豊かな昆虫たちの世界。そして、あっと驚く、多くの方が見たこともないであろう姿とかたち。本書のページをめくるたびに、数百万種の昆虫たちのこぼれるような多様性の世界が見えてくるはずだ。

丸山宗利

原色図鑑
世界の美しすぎる昆虫

INDEX

まえがき……………………………………………………………………………… 2

第1章 色鮮やかな昆虫

色鮮やかな昆虫① 赤 …………………………………………………………… 8
カクムネベニボタル／アカバネメガネトリバネアゲハ(オス)／ヒラズゲンセイ／アカエゾゼミ

色鮮やかな昆虫② 青 …………………………………………………………… 12
コムラサキ(オス)／コンボウビワハゴロモ／オオアオゾウムシ／チョウトンボ／エメラルドゼミ

色鮮やかな昆虫③ 黄 …………………………………………………………… 16
メキシコエボシツノゼミ／ヨーロッパカツオゾウムシ／ゴライアストリバネアゲハ(オス)／カミキリムシのなかま／ミドリトガリメバッタ／ミドリバナナゴキブリ／アオイラガ(幼虫)

色鮮やかな昆虫④ 白 …………………………………………………………… 20
グラントシロカブト／オオミズアオ／アポロチョウ／シロゼミ

第2章 驚くべき模様の昆虫

模様① 水玉柄 …………………………………………………………………… 26
ルリボシカミキリ／ヨナグニコアオハナムグリ／ヨツモンカタビロハナカミキリ／リョクモンカタゾウムシ／ヨツボシヒラタシデムシ／アエムラミツボシメンガタハナムグリ／ベニツチカメムシ

模様② ボーダー柄 ……………………………………………………………… 30
オオカバマダラ(前蛹)／ケンランホウセキゾウムシ／アカジマツチハンミョウ／アオオビハデツヤカミキリ

模様③ ストライプ柄 …………………………………………………………… 32
マメハンミョウ／コロラドハムシ／ジンメンコメツキ／ゴライアスオオツノハナムグリ

模様④ まだら模様 ……………………………………………………………… 34
ヨーロッパメンガタスズメ／ビロードハマキ／キョウチクトウスズメ(オス)

テントウムシの背中ギャラリー ……………………………………………… 36
ジュウシホシマクガタテントウ／キイロテントウ／ジュウボシテントウ／ナナホシテントウ／シロホシテントウ

空を舞う美麗な妖精たち ……………………………………………………………… 38
アレキサンドラトリバネアゲハ(オス)／メガネトリバネアゲハ(オス)／ルリカスリタテハ／タイスアゲハ(オス)／オオムラサキ(オス、メス)

キノコに集まる派手な虫 ……………………………………………………………… 42
ナミセンアメリカオオキノコ／ヨーロッパヨツボシデオキノコ／オオキノコムシ

相手を驚かせるビックリ模様 ………………………………………………………… 44
ヒシムネカレハカマキリ／センストビナナフシ／エドワードサン／クマドリメダマヤママユ／ジンメンカメムシ／コノハチョウ

第3章 光り輝く昆虫

金・銀・プラチナ ………………………………………………………………………… 50
ギンコガネ／ゴウシュウキンイロコガネ／サクラコガネ／ホウセキフタオ／ヨーロッパヤツボシハナカミキリ

七色に輝く構造色 ……………………………………………………………………… 54
タマムシ(ヤマトタマムシ)／ドロハマキチョッキリ／ナナホシキンカメムシ／カブトハナムグリ／アカガネサルハムシ／メネラウスモルフォ

色とりどりの宝石 ……………………………………………………………………… 58
コガネハムシ(フェモラータオオモモブトハムシ)／オオミドリサルハムシ／ニジモンコガネハムシ／オオセンチコガネ／アメリカムツボシハンミョウ／ルリゴキブリ

滋味豊かな金属光沢 …………………………………………………………………… 62
モーレンカンプオウゴンオニクワガタ／ニジゴミムシダマシ／アカガネオサムシ

夜を彩る発光昆虫 ……………………………………………………………………… 64
ゲンジボタル／ヘイケボタル／ヒカリコメツキ

第4章 擬態する昆虫

化ける技術① 葉 ………………………………………………………………………… 70
メダマカレハカマキリ／オドントプテラメダマハゴロモ／クロコノマチョウ／オオメンガタブラベルスゴキブリ／カワリコノハツユムシ／ハラブトゼミ(オス)

化ける技術② 樹皮・枝 ………………………………………………………………… 74
ヒレアシユウレイナナフシ／セラティペスオオナナフシ／オオカレエダカマキリ／サルオガセツユムシ／マレーコケツユムシ／クロミドリシジミ(幼虫)／オオゾウムシ

化ける技術③ 花 ………………………………………………………………………… 78
ハナカマキリ(メス)／マルガタハナカミキリ／ヒョウモンカマキリ(幼虫)／ウラギンシジミ(幼虫)／ハイイロセダカモクメ(幼虫)

化ける技術④ 土・砂利・岩石 ………………………………………………………… 82
コフキサルハムシ／アイヌハンミョウ／ソウウンクロオビナミシャク

そっくりさん① **ハチ** ……………………………………………………………… 84
ヨーロッパキンケトラカミキリ／キスジトラカミキリ／ロビニアアメリカトラカミキリ／カシコスカシバ／トラフカミキリ／オオイクビカマキリモドキ／アミメハチマガイツノゼミ／シイシギゾウムシ／ハチモドキハナアブ

そっくりさん② **カマキリ** …………………………………………………… 90
キカマキリモドキ／ヒメカマキリモドキ／ミドリカマキリモドキ

そっくりさん③ **テントウムシ** ……………………………………………… 92
クロボシツツハムシ／キボシマルウンカ／イタドリハムシ／テントウダマシのなかま

そっくりさん④ **アリ** ………………………………………………………… 94
ヒョウタンカスミカメ属の近縁／ナミグンタイアリハネカクシ／マラヤツヤヒメサスライアリハネカクシ／アリカマキリ(幼虫)／アリカギツノゼミ／ミカドアリバチ／ハリアリに似たアリグモ

第5章 昆虫の変態

コウチュウ目の変態　カブトムシ(オス) ……………………………………… 100
チョウ目の変態　リンゴシジミ ………………………………………………… 102
カメムシ目の変態　ジュウシチネンゼミ ……………………………………… 104
トンボ目の変態　オニヤンマ …………………………………………………… 106
バッタ目の変態　トノサマバッタ ……………………………………………… 108

第6章 昆虫の多様な生活

いろいろなかたちの巣 …………………………………………………………… 112
キアシトックリバチ／キゴシジガバチ／トゲアシハリナシバチ／ニホンミツバチ／チビアシナガバチのなかま／ヒカリキノコバエ／ヤマトビイロトビケラ／シカクシロアリのなかま

変わった産卵のしかた …………………………………………………………… 120
キイロタマゴバチ／シロオビタマゴバチ／ホソツヤアリバチ

借りぐらしの昆虫たち …………………………………………………………… 122
クロヤマアリ、ミヤマシジミ／ヒゲナガケアリ、カエデクチナガオオアブラムシ／フシボソクサアリ、クヌギクチナガオオアブラムシ／ヨーロッパクロクサアリ、クチナガオオアブラムシ／ハヤシケアリ、ヤノクチナガオオアブラムシ／オニグルミチナガオオアブラムシ、トビイロケアリ／エゾアカヤマアリ、ミヤママルツノゼミ／ツムギアリ、アリノスシジミ／バーチェルグンタイアリ、トゲダニ亜目のダニ／アリノタカラ、ミツバアリ

植物と共生する昆虫 ……………………………………………………………… 128
オトシブミ／ハキリアリ／アカシアアリ／シリアゲアリのなかま、カイガラムシのなかま／アステカアリのなかま

第7章 人智を超えたかたちの昆虫

異形ばかりのツノゼミ …………………………………………………… 134
ヒメヨツコブツノゼミ／ハンゲツツノゼミ／オウシツノゼミ／フトバラトゲツノゼミ／オオハタザオツノゼミ／アカズキンカブトツノゼミ／アカモンマルエボシツノゼミ

ありえない角 …………………………………………………………… 138
コーカサスオオカブト／ノコギリタテヅノカブト／クワガタマルカメムシ／シカツノミバエ

飛び出た目玉 …………………………………………………………… 142
シュモクバエのなかま／シロスジメダカハンミョウ／エダメバエ

巨大すぎる昆虫 ………………………………………………………… 144
トゲアシナナフシ／サカダチコノハナナフシ(メス)／ヘラクレスサン(メス)

透けた昆虫 ……………………………………………………………… 146
ベニスカシジャノメ／スカシマダラ／ヒトツメジンガサハムシ／コモリカメノコハムシ

体が異常に発達した昆虫 ……………………………………………… 148
ヨーロッパコフキコガネ／キリンクビナガオトシブミ／オキナワツノトンボ／ボクサーカマキリ／ヤンバルテナガコガネ／テナガオサゾウムシ(オス)／テナガカミキリ／トゲアリ／ミツツボオオアリ／ヨロイアリ

コラム① 昆虫の定義とは？ ……………………………………………… 24
コラム② 昆虫の体の構造 ………………………………………………… 48
コラム③ 美しく輝く秘密は「構造色」にあり …………………………… 68
コラム④ 擬態の種類 ……………………………………………………… 98
コラム⑤ 昆虫はなぜ変態するのか？ …………………………………… 110
コラム⑥ 昆虫たちの多様なコミュニケーション ……………………… 132

昆虫名索引 ………………………………………………………………… 154

本書の見方

Ⓐ	和名	カクムネベニボタル
Ⓑ	学名	*Lyponia quadricollis*
Ⓒ	分類	コウチュウ目ベニボタル科
Ⓓ	分布	日本(本州、四国、九州)
Ⓔ	体長	8～12mm

Ⓐ日本語の愛称です。
Ⓑその昆虫1種につきひとつつけられている固有の名前で、世界共通のものです。
Ⓒ分類上の目と科を示しています。
Ⓓその個体が生息している地域を示しています。撮影地がわかる昆虫は「撮影地」の項目も入っています。
Ⓔ昆虫の大きさを示しています。チョウやガでは「前翅長」「開長」、コウチュウなどのその他の昆虫では「体長」を用います。
　体長：あごや触角を含む頭部の先から、腹部の先
　　　　(あるいは下翅の先)までの長さ
　前翅長：前翅のつけ根から先端までの長さのこと
　開長：チョウやガが翅を広げたときの左右の幅のこと

※本書では、チョウやガなどの昆虫が止まったとき、体の下側になるのが「翅の裏」、上側を「翅の表」と呼んでいます。

第1章 色鮮やかな昆虫

色鮮やかな昆虫① 赤

実物大

10mm

森や野山にひっそりと生きる 小さな世界の珠玉たち

鮮やかなワインレッド色の前翅と、特徴的な触角が目を引く。ホタルの名をもつが本種は発光しない。

和名	カクムネベニボタル
学名	*Lyponia quadricollis*
分類	コウチュウ目ベニボタル科
分布	日本(本州,四国,九州)
体長	8〜12mm

第1章 色鮮やかな昆虫

和名	アカメガネトリバネアゲハ(オス)
学名	*Ornithoptera croesus croesus*
分類	チョウ目アゲハチョウ科
分布	インドネシア
前翅長	約84mm

トリバネアゲハのなかまで翅の色がオレンジ色なのは本種のみ。最初の発見者はイギリスの著名な博物学者A.R.ウォーレス。

和名	ヒラズゲンセイ
学名	*Synhoria cephalotes*
分類	コウチュウ目ツチハンミョウ科
分布	日本、東南アジア
前翅長	18〜30mm

ほかのツチハンミョウと同様、ヒラズゲンセイの体液には有毒物質カンタリジンが含まれる。幼虫期はクマバチの巣に寄生する。

エゾゼミに似ているがアカエゾゼミのほうが、赤み(オレンジ色)が強い色彩。鳴き声も異なる。

和名	アカエゾゼミ
学名	*Lyristes flammatus*
分類	カメムシ目セミ科
分布	日本(北海道、本州、四国、九州、佐渡島)、韓国、中国
体長	59〜65mm

第1章　色鮮やかな昆虫

色鮮やかな昆虫② 青

和名	コムラサキ(オス)
学名	*Apatura metis substituta*
分類	チョウ目タテハチョウ科
分布	日本(北海道〜九州)、朝鮮半島、中国北部、ヨーロッパにかけてのユーラシア大陸北部
体長	30〜42mm

青紫色の地にオレンジ色の斑紋が美しいコムラサキ。幼虫の食草はヤナギ類で、成虫になると樹液を吸う。

和名	コンボウビワハゴロモ
学名	*Pyrops clavatus*
分類	カメムシ目ビワハゴロモ科
分布	タイ
前翅長	70〜85mm

青色の後翅と前方に長く伸びた頭部が特徴的。ビワハゴロモのなかまは熱帯地方に多く生息する。

青緑がかった光沢が美しい。この体色は鱗片を全身にまとっていることによるもの。

和名	オオアオゾウムシ
学名	*Chlorophanus grandis*
分類	コウチュウ目ゾウムシ科
分布	日本（北海道〜九州）
体長	約15mm

第1章 色鮮やかな昆虫

青紫色の光沢感のある翅をもち、前翅に比べ後翅の幅が広い。チョウのように翅をヒラヒラさせて飛ぶ。

和名	チョウトンボ
学名	*Rhyothemis fuliginosa*
分類	トンボ目トンボ科
分布	日本(本州、四国、九州)、朝鮮半島、中国
後翅長	31〜42mm

国内のセミの多くは木肌に止まっても目立たないよう地味な体色だが、熱帯林に生息するこのエメラルドゼミはド派手な体色。

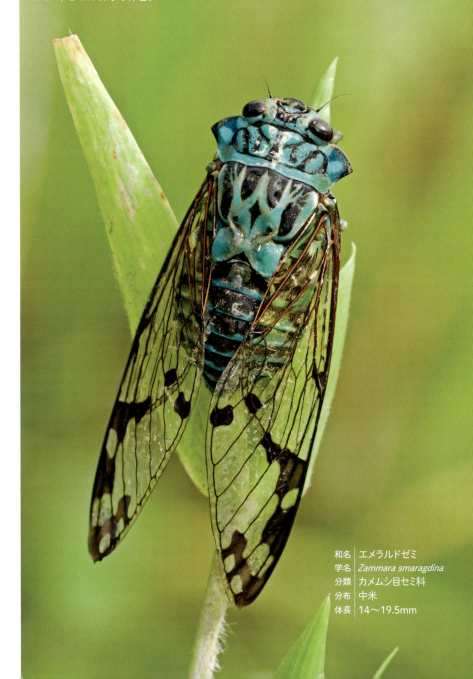

和名	エメラルドゼミ
学名	*Zammara smaragdina*
分類	カメムシ目セミ科
分布	中米
体長	14〜19.5mm

色鮮やかな昆虫③ 黄

黄色地に黒色の斑紋という警告色の組み合わせが目を引く。

和名　メキシコエボシツノゼミ
学名　*Membracis mexicana*
分類　カメムシ目ツノゼミ科
分布　中米
体長　5〜6mm

和名　ヨーロッパカツオゾウムシ
学名　*Lixus iridis*
分類　コウチュウ目ゾウムシ科
分布　ヨーロッパ
体長　12〜18mm

名前に含まれるカツオは「鰹節」に由来する。黄色い体色は個体を覆う粉によるもの。

和名	ゴライアストリバネアゲハ(オス)
学名	*Ornithoptera goliath*
分類	チョウ目アゲハチョウ科
分布	ニューギニア
前翅長	92〜115mm

アレクサンドラトリバネアゲハとともに、チョウの世界最大種。雄の翅は緑色と黄色の鮮やかな色味をしているのに対し、雌の翅は黒色の部分が多く地味な色である。

体をおおう黄色い体毛と黒斑がハチを思わせる。ほかのカミキリムシよりも触角の長さも短い。

和名	カミキリムシのなかま
学名	*Chlorophorus pilosus*
分類	コウチョウ目カミキリムシ科
分布	ヨーロッパ
体長	11〜18mm

黄緑の色の派手な体色にくわえ、大きくふくらんだ尻と翅の形状が特徴的。

和名	ミドリトガリメバッタ
学名	*Erianthus serratus*
分類	バッタ目ガニマタバッタ科
分布	東南アジア
体長	約30mm

和名	ミドリバナナゴキブリ
学名	*Panchlora nivea*
分類	ゴキブリ目ゴキブリ科
分布	南米
体長	オス12〜15mm、メス24mm

ゴキブリとは思えない透明感のある黄緑色の体色で、世界一美しいゴキブリとも言われる。森林地帯に生息。

体表の突起はもちろん毒棘。おもにカキやナシなどの葉を食べる。

和名	アオイラガ（幼虫）
学名	*Parasa consocia*
分類	チョウ目イラガ科
分布	日本（北海道〜九州）、ロシア南東部、朝鮮半島、中国、台湾
体長	約25mm（オスの成虫で31〜35mm、メスの成虫で35〜37mm）

第1章 色鮮やかな昆虫

色鮮やかな昆虫④ 白

和名	グラントシロカブト
学名	*Dynastes granti*
分類	コウチュウ目コガネムシ科
分布	アメリカ合衆国（ユタ州、アリゾナ州、ニューメキシコ州）
体長	50〜80mm

実物大

65mm

体色が白いグラントシロカブト。この体色は水分に左右され、体内の水分が多いと黒く、乾燥してくると白く色が変わる。

実物大

幽雅な青白い翅と翅のふちの紅色が美しい大型のガ。オオミズアオによく似た外見のものに、近縁種のオナガミズアオというガがいる。

100mm

和名	オオミズアオ
学名	*Actias aliena*
分類	チョウ目ヤママユガ科
分布	日本、朝鮮半島、ロシアの一部
前翅長	80〜120mm

和名	アポロチョウ
学名	*Parnassius apollo*
分類	チョウ目アゲハチョウ科
分布	ヨーロッパ、中央アジア北部
開長	約70mm

名前の由来はギリシャ神話の太陽神「アポローン」。山地の乾燥した草原などに生息している。

英名はWhite Cicadaで、直訳すると「白いセミ」と和名と同様。それほどに白い体色が特徴的。差し色になっている翅脈や眼の部分のオレンジ色が白を映えさせている。

和名	シロゼミ
学名	*Ayuthia spectabile*
分類	カメムシ目セミ科
分布	東南アジア
体長	約50mm

Column 1
昆虫の定義とは？

　全動物数の85％、これまでに100万種も発見されている動物界最大のグループ「節足動物門」。そのなかに、**世界中で93万以上の種を擁する昆虫綱がある。**

　昆虫は、この昆虫綱に属する生物だ。わたしたちが日常生活で、「虫」と呼ぶ生き物の幅は広いが、「昆虫」の定義とは、どんなものか。

　その特徴は、
①**6本の脚をもつ**
②**体が頭部・胸部・腹部の3つの部位に分けられる**
③**成虫は通常4枚の翅を持つ**
の3つである。

　①の脚の数はもっともわかりやすい特徴で、**8本のクモやダニ、多数の脚をもつ多足類のムカデやヤスデが昆虫でない**ことがわかる。なぜ昆虫の多くが6本足に進化したのかにはさまざまな研究があるが、多様な行動をおこなううえで、もっとも合理的な本数であるとの説がある。ただし例外もあって、ハエ目ユスリカ科の幼虫は、胸部と腹部の端に擬脚と呼ばれる「脚のようなもの」が2対ずつ4本しかないし、またハエの幼虫ウジにはまったく脚がないのである。

　②の体の部位もわかりやすい特徴だろう。クモ類なら頭胸部（頭と胸がいっしょ）と腹部、ムカデは頭部と胴部に分けられる。昆虫ならばイモムシ型の幼虫も、頭部・胸部・腹部の部位をもっているのだ。

　③の「4枚の翅」は例外も多い。ハエ目（双翅目）は2枚の翅だし、翅は全体の98.5％がもっているに過ぎず、原始的なシミの仲間などはまったく翅をもたない。

　日本には小さな生き物を「虫」と分類する文化的背景もあり（江戸期以前では、魚類、鳥類、哺乳類以外はすべて「蟲」に分類されていた）、昆虫だけでなく、たとえばダンゴムシのような殻をもった節足動物、「デンデンムシ」といった軟体動物や、「ミドリムシ」などの微生物までも「虫」と呼ぶことさえある。

　ふだん、わたしたちが昆虫を混然として考えてしまうのは、昆虫があまりにも身近で、その定義を意識していないことに起因するのだろう。

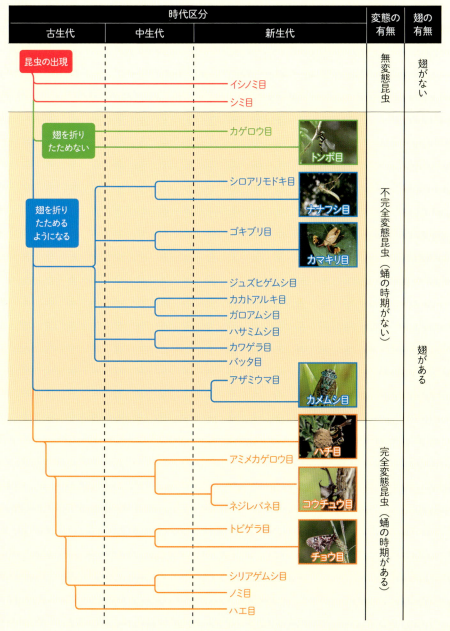

第2章 驚くべき模様の昆虫

模様① 水玉柄

日本各地の山林などに生息している。希少種ではないが水色がかった体色と黒斑が美しい。標本にすると色があせ体色が灰色っぽく変化してしまう。

実物大

23mm

和名	ルリボシカミキリ
学名	*Rosalia batesi*
分類	コウチュウ目カミキリムシ科
分布	日本
体長	18～29mm

細かな毛が体にたくさん生えているヨナグニコアオハナムグリ。本種は名前のとおり与那国島固有種。

和名	ヨナグニコアオハナムグリ
学名	*Gametis forticula yonakuniana*
分類	コウチュウ目コガネムシ科
分布	日本（与那国島）
体長	11〜16mm

ヨーロッパ原産種のカミキリムシ。力強いアゴをもつことで知られるカミキリムシは世界中に広く分布している。

和名	ヨツモンカタビロハナカミキリ
学名	*Pachyta quadrimaculata*
分類	コウチュウ目カミキリムシ科
分布	ヨーロッパ
体長	11〜20mm

和名	リョクモンカタゾウムシ
学名	*Pachyrhynchus taylori*
分類	コウチュウ目ゾウムシ科
分布	フィリピン
体長	18〜20mm

カタゾウムシは飛ぶことはできないが、美しい色彩や光沢、模様をもつ種が多い。

黒斑が4つあるヨツボシヒラタシデムシ。ガの幼虫などを食べ、おもに山地に生息している。

和名	ヨツボシヒラタシデムシ
学名	*Dendroxena sexcarinata*
分類	コウチュウ目シデムシ科
分布	日本(北海道、本州、四国、九州)
体長	10〜15mm

派手な模様をしたアフリカのハナムグリ。類縁種では同色で斑紋が異なるものもいる。

和名	アエムラミツボシメンガタハナムグリ
学名	*Pachnoda aemula*
分類	コウチュウ目コガネムシ科
分布	アフリカ
体長	21〜25mm

ベニツチカメムシは落ち葉の下などに営巣し、幼虫が孵化すると成虫がエサを採ってきて与える。

和名	ベニツチカメムシ
学名	*Parastrachia japonensis*
分類	カメムシ目ツチカメムシ科
分布	日本(本州〜南西諸島)
体長	16〜20mm

模様② ボーダー柄

和名	オオカバマダラ(前蛹)
学名	*Danaus plexippus*
分類	チョウ目タテハチョウ科
分布	南北アメリカ、西インド諸島、太平洋諸島(オーストラリアとニュージーランドなど)、カナリア諸島、マデイラ諸島など
前翅長	約50mm(成虫)

オオカバマダラは寒くなると南に、暖かくなると北に向かって大移動をするチョウ。渡り鳥のように移動をするチョウは珍しく、移動距離は3000km以上に及ぶ。

和名	ケンランホウセキゾウムシ
学名	*Eupholus magnificus*
分類	コウチュウ目ゾウムシ科
分布	インドネシア
体長	24〜28mm

ペンキで塗ったかのような青、黒、水色の人工的な体色。

和名	アカジマツチハンミョウ
学名	*Berberomeloe majalis*
分類	コウチュウ目ツチハンミョウ科
分布	ヨーロッパ〜北アフリカ
体長	約50mm

ヨーロッパのハンミョウ。黒地に赤色というシックな装い。

色合いは26ページのルリボシカミキリに似ているが、本種は遠縁の別種。

和名	アオオビハデツヤカミキリ
学名	*Anoplophora elegans*
分類	コウチュウ目カミキリムシ科
分布	マレーシア
体長	約40mm

第2章　驚くべき模様の昆虫

模様③ ストライプ柄

和名 | マメハンミョウ
学名 | *Epicauta gorhami*
分類 | コウチュウ目ツチハンミョウ科
分布 | 日本（本州、四国、九州）
体長 | 11〜19mm

背中のストライプ模様がタキシードのようにも見えるマメハンミョウ。農業害虫に挙げられることも多い。

和名 | コロラドハムシ
学名 | *Leptinotarsa decemlineata*
分類 | コウチュウ目ハムシ科
分布 | 北アメリカ、ヨーロッパ、アジア
体長 | 約12mm

ナス科の植物に寄生し葉や茎を食い荒らすコロラドハムシ。原産地はアメリカとされる。

日本国内では比較的目立たない色柄で知られるコメツキムシも、南米の森林ではこんなに派手に。

和名	ジンメンコメツキ
学名	*Semiotus imperialis*
分類	コウチュウ目コメツキムシ科
分布	南米
体長	28〜44mm

実物大

80mm

和名	ゴライアスオオツノハナムグリ
学名	*Goliathus goliathus*
分類	コウチュウ目コガネムシ科
分布	アフリカ
体長	50〜110mm

飛ぶことができる昆虫のなかでは、もっとも重量があるとされる昆虫のひとつ。

模様④ まだら模様

和名	ヨーロッパメンガタスズメ
学名	*Acherontia atropos*
分類	チョウ目スズメガ科
分布	ヨーロッパ、アフリカ
前翅長	90〜130mm

映画『羊たちの沈黙』のポスターでもよく知られるガの一種。

和名	ビロードハマキ
学名	*Cerace xanthocosma*
分類	チョウ目ハマキガ科
分布	日本(本州、四国、九州)、ロシア、台湾
前翅長	35〜60mm

黒と赤色の地に白色の斑紋があるビロードハマキ。昼飛性のガで、森林中の広葉樹に止まっている。

日本にも生息するガの一種。幼虫のエサがキョウチクトウという樹木の葉であるためこの和名がつけられた。

和名	キョウチクトウスズメ（オス）
学名	*Daphnis nerii*
分類	チョウ目スズメガ科
分布	日本（九州以南）、東南アジア、タイ、インド、ヨーロッパ、アフリカ
前翅長	約50mm

テントウムシの背中ギャラリー

黒色地の上翅に合計14個の黄色の紋があるテントウムシの1種。

和名　ジュウシホシマクガタテントウ
学名　*Coccinula quatuordecimpustulata*
分類　コウチュウ目テントウムシ科
分布　ヨーロッパ
体長　約3.5mm

和名のとおり上翅は黄色1色。胸部に1対の黒色の斑紋がある。

和名　キイロテントウ
学名　*Illeis koebelei*
分類　コウチュウ目テントウムシ科
分布　日本
体長　3.5〜5.1mm

和名	ジュウボシテントウ
学名	*Adalia decempunctata*
分類	コウチュウ目テントウムシ科
分布	ヨーロッパ
体長	3.5〜4.5mm

ヨーロッパ産のテントウムシでも捕食者に対する警戒色は共通。

和名	ナナホシテントウ
学名	*Coccinella septempunctata*
分類	コウチュウ目テントウムシ科
分布	日本、アジア、ヨーロッパ、北アフリカ
体長	5.0〜9.0mm

テントウムシの代表格。幼虫、成虫ともに肉食で植物についたアブラムシがエサ。

黄褐色の地に、胸部側から2個、4個、4個、2個の計12個の白色紋がある。

和名	シロホシテントウ
学名	*Vibidia duodecimguttata*
分類	コウチュウ目テントウムシ科
分布	日本、ヨーロッパ
体長	3.1〜4.9mm

空を舞う美麗な妖精たち

和名	アレキサンドラトリバネアゲハ（オス）
学名	*Ornithoptera alexandrae*
分類	チョウ目アゲハチョウ科
分布	パプア・ニューギニア東部（オロ州）
前翅長	80〜120mm

世界最大のチョウとして一般的にもよく知られるアレキサンドラトリバネアゲハ。メスは茶色の翅をもち、オスよりも大きい。

羽化直後のメガネトリバネアゲハ。美しい配色の翅をもつオスとは対照的に、メスは黒色と白色の翅をもつ。

和名	メガネトリバネアゲハ（オス）
学名	*Ornithoptera priamus priamus*
分類	チョウ目アゲハチョウ科
分布	オーストラリア
前翅長	80〜90mm

濃紺に水色の斑紋と、見目さわやかな南米産のチョウ。

和名	ルリカスリタテハ
学名	*Hamadryas velutina*
分類	チョウ目タテハチョウ科
分布	南米
前翅長	約36mm

和名	タイスアゲハ（オス）
学名	*Zerynthia rumina*
分類	チョウ目アゲハチョウ科
分布	ヨーロッパ
前翅長	35〜45mm

本種の属するタイスアゲハ族は原始的なチョウのなかま。

日本の国蝶にも指定されているオオムラサキ。学名の*Sasakia*は昆虫学者・佐々木忠次郎に由来する。

和名	オオムラサキ（上:オス、下:メス）
学名	*Sasakia charonda*
分類	チョウ目タテハチョウ科
分布	日本（北海道〜九州）、朝鮮半島、中国、台湾、ベトナム
前翅長	43〜68mm

キノコに集まる派手な虫

小型種の多いオオキノコムシのなかでも比較的大型。"カミナリサマ"のような色柄と模様も南米種らしい派手さ。

和名	ナミセンアメリカオオキノコ
学名	*Erotylus onagga*
分類	コウチュウ目オオキノコムシ科
分布	南米
体長	19.5〜20.5mm

和名	ヨーロッパヨツボシデオキノコ
学名	*Scaphidium quadrimaculatum*
分類	コウチュウ目ハネカクシ科
分布	ヨーロッパ
体長	5〜6mm

光沢の強い黒色に赤色の斑紋をもつ。デオキノコムシの名は翅の端から腹部が尾のように露出していることによる。

和名	オオキノコムシ
学名	*Encaustes praenobilis*
分類	コウチュウ目オオキノコムシ科
分布	日本（北海道〜九州）
体長	16〜36mm

胸部の模様の入り方が独特なオオキノコムシ。名前のとおり本科の種の多くはキノコをエサにするものが多い。

第2章 驚くべき模様の昆虫　43

相手を驚かせるビックリ模様

威嚇時

通常時

和名	ヒシムネカレハカマキリ
学名	*Deroplatys lobata*
分類	カマキリ目カマキリ科
分布	東南アジア
体長	約45mm(オス)、65〜70mm(メス)

和名のごとく胸が菱形で枯れ葉のような模様をしている。熱帯林に生息し、擬態で隠れ、見つかると威嚇をして敵を驚かせる。

通常時

和名	センストビナナフシ
学名	*Tagesoidea nigrofasciata*
分類	ナナフシ目トビナナフシ科
分布	東南アジア
体長	約120mm

センストビナナフシの名は、扇子のような形状をした黄色の翅をもつことから。翅を広げて敵を威嚇する。

威嚇時

大型のガの一種であるエドワードサンは、前翅の先が蛇の頭のような模様になっている。

和名	エドワードサン
学名	*Archaeoattacus edwardsii*
分類	チョウ目ヤママユガ科
分布	東南アジア
前翅長	215〜225mm

和名	クマドリメダマヤママユ
学名	*Automeris metzli*
分類	チョウ目ヤママユガ科
分布	中南米
前翅長	60〜70mm

後翅に大きな目玉模様がある。ヤママユのなかまは口が退化しているため、成虫はエサを食べない。

和名	ジンメンカメムシ
学名	*Catacanthus incarnatus*
分類	カメムシ目カメムシ科
分布	東南アジア
体長	約30mm

頭部を下にして見ると、まるで人の顔のような模様をしているジンメンカメムシ。

コノハチョウの翅は、裏側は枯れ葉のような見た目だが、表側はカラフル。

和名	コノハチョウ
学名	*Kallima inachus*
分類	チョウ目タテハチョウ科
分布	日本（沖縄諸島〜南西諸島）、インド北部〜ヒマラヤ、インドシナ半島、中国、台湾
前翅長	45〜50mm

驚くべき模様の昆虫

Column 2
昆虫の体の構造

　背骨のない無脊椎動物である昆虫の構造は、当然ながら人間のような背骨のある脊椎動物とは大きく異なる。
　無脊椎動物の昆虫は、体をおおう硬い外皮の中に、筋肉などが格納された外骨格の生物だ。こうした硬い外骨格が生まれたのは、カンブリア紀の祖先たちに、生物同士の捕食関係が生まれ、身を守る必要性が生じたからだと考えられている。
　胸部は3つの体節が融合したもので、腹部は基本的に12の節で構成される。5ないし6節が融合した頭部には、眼や触角といった感覚器官と口、胸部には脚と翅、腹部には肛門と生殖器官をもっている。感覚器官の触角、口器は付属肢が変形したものだ。
　内部構造も脊椎動物とは違う。呼吸には、胸部と腹部にある穴、気門を使うのだ。気門から取り入れた酸素は、気管を通って血液に溶けこみ、全身の細胞へ運ばれる。消化器系は口から肛門までをつなぐ1本の管で、必要な栄養を血液に送り、不要物を糞として体外に排出。昆虫特有のマルピーギ管は、老廃物を体外へ排出する腎臓に似た役割を果たしている。
　昆虫にも心臓や血液はあるが、循環器系は血管をもたない開放血管系。血液が赤色ではないのは、ヘモグロビンをもたないからだ。カゲロウ類の幼虫は気管鰓（きかんえら）というエラで酸素を取り入れるが、このガス交換のための血管系が翅の翅脈と相同であることから、古生代からの進化の過程で、エラが翅に進化したとする説が有力だ。
　また、複雑な動きをする昆虫は、とうぜん脳や神経ももっている。脳から腹部につながる太い神経には神経節があり、体の各部位の節の動きを司っている。脳に情報を運ぶ代表的な感覚器官は眼と触角だ。眼には個眼が多数集まった複眼と、それを助ける複数の単眼がある。視覚は種によって異なり、紫外線が見えるものもいる。
　触角は、匂いや接触に関する刺激を感じる器官で、なかまとコミュニケーションをとる物質のフェロモンをかぎ分ける種も多くいる。

昆虫の体のつくり

カクムネベニボタル

第3章 光り輝く昆虫
金・銀・プラチナ

白銀色の光沢が花びらに映えるコガネムシ。本種のなかには金のほか、赤や緑の光沢をもつ個体もいる。

和名	ギンコガネ
学名	*Chrysina argenteola*
分類	コウチュウ目コガネムシ科
分布	中米
体長	20〜28mm

和名　ゴウシュウキンイロコガネ
学名　*Anoplognathus parvulus*
分類　コウチュウ目コガネムシ科
分布　オーストラリア
体長　15〜20mm

ゴウシュウ、つまり豪州＝オーストラリアに生息する金色のコガネムシ。

サクラコガネの和名は、サクラなど落葉広葉樹の葉をエサにすることに由来する。類縁種のツヤコガネに似ている。

和名　サクラコガネ
学名　*Anomala daimiana*
分類　コウチュウ目コガネムシ科
分布　日本(北海道〜九州、対馬、種子島、屋久島など)
体長　15〜20mm

ホウセキフタオはパールのような気品ある光沢をもつ翅が特徴。翅には尾状突起が2対ある。

和名	ホウセキフタオ
学名	*Polyura delphis delphis*
分類	チョウ目タテハチョウ科
分布	東南アジア
前翅長	約70mm

黄金色の体色に黒色の斑紋が美しいハナカミキリの一種。ハナカミキリの多くは昼行性で、美しい体色をしているものが多い。

和名	ヨーロッパヤツボシハナカミキリ
学名	*Rutpela maculata*
分類	コウチュウ目カミキリムシ科
分布	ヨーロッパ
体長	14〜20mm

第3章 光り輝く昆虫　53

七色に輝く構造色

35mm

実物大

緑色の光沢のある体色をしているタマムシ。かつては美術品や装飾品などの加工材料としても多く用いられた。

和名	タマムシ（ヤマトタマムシ）
学名	*Chrysochroa fulgidissima*
分類	コウチュウ目タマムシ科
分布	日本（本州、四国、九州）
体長	30〜40mm

ドロハマキチョッキリは金緑色〜金赤色の体色。典型的な構造色で、見る角度によって色が大きく変化するため見た目にも楽しい。葉を巻くオトシブミに近いなかま。

和名	ドロハマキチョッキリ
学名	*Byctiscus puberulus*
分類	コウチュウ目 チョッキリゾウムシ科
分布	日本（北海道〜九州）
体長	約6mm

実物大

6mm

第3章 光り輝く昆虫 55

ナナホシキンカメムシは脚の腿節が赤く、樹木の葉などによく群生している。

和名	ナナホシキンカメムシ
学名	*Calliphara exellens*
分類	カメムシ目キンカメムシ科
分布	日本（沖縄以南）、東南アジア
体長	17〜20mm

和名	カブトハナムグリ
学名	*Theodosia viridiaurata*
分類	コウチュウ目コガネムシ科
分布	マレーシア・ボルネオ島
体長	30〜50mm

カブトハナムグリの体色は滑らかでしっとりとした輝きをもつ。オスはカブトムシのような角があり前脚が長い。

アカガネ(赤銅)の名のとおり、赤みがかった光沢をもつ。ブドウなどの葉を捕食する。

和名	アカガネサルハムシ
学名	*Acrothinium gaschkevitchii*
分類	コウチュウ目ハムシ科
分布	日本(北海道〜九州)、中国、ロシア、台湾
体長	約7mm

和名	メネラウスモルフォ
学名	*Morpho menelaus occidentalis*
分類	チョウ目タテハチョウ科
分布	中央アメリカ〜南米
体長	約138mm

構造色をもつメネラウスモルフォの翅は見る角度によって多彩な色彩を見せてくれる。なお本種の翅の裏側は、枯れ葉のように地味。

色とりどりの宝石

コガネハムシは、本来は熱帯地域に生息しているが、ペットとして輸入されたのち、近年の温暖化にともない日本にも定着してしまった。オスは後脚の腿節が太い。

実物大

20mm

和名	コガネハムシ（フェモラータオオモモブトハムシ）
学名	*Sagra femorata*
分類	コウチュウ目ハムシ科
分布	日本、東南アジア、中国、インド
体長	15〜20mm

南西諸島にのみ生息する、緑〜藍色系に輝く体色のオオミドリサルハムシ。光沢は非常に強い。

和名	オオミドリサルハムシ
学名	*Platycorynus japonicus*
分類	コウチュウ目ハムシ科
分布	日本（南西諸島）
撮影地	八重山諸島
体長	約9mm

濃い青色光沢に、外翅（背中）の赤〜黄色がかった光沢が美しいニジモンコガネハムシ。

和名	ニジモンコガネハムシ
学名	*Sagra buqueti*
分類	コウチュウ目ハムシ科
分布	東南アジア
体長	20〜39mm

実物大
20mm

オオセンチコガネは緑〜青〜紫と、地域によって色が変化する。美しい外見ながらエサとするのは動物の糞。

和名	オオセンチコガネ
学名	*Phelotrupes auratus auratus*
分類	コウチュウ目センチコガネ科
分布	日本(北海道〜九州)
体長	12〜22mm

アメリカムツボシハンミョウはオサムシのなかまで、体色は光沢のある緑色、白い紋がある。

和名	アメリカムツボシハンミョウ
学名	*Cicindela sexguttata*
分類	コウチュウ目オサムシ科
分布	アメリカ合衆国
体長	12〜14mm

和名	ルリゴキブリ
学名	*Eucorydia yasumatsui*
分類	ゴキブリ目ムカシゴキブリ科
分布	日本（八重山諸島）
体長	約10mm

ルリゴキブリは森林に生息するゴキブリの一種で、オスの体は暗青色の光沢を放つ。丸みを帯びた体形。

滋味豊かな金属光沢

黄金色でありながらも、ツヤの弱い滑らかな光沢がシブいクワガタムシの一種。多種のクワガタに比してアゴの長さは短い。

和名　モーレンカンプオウゴンオニクワガタ
学名　*Allotopus moellenkampi*
分類　コウチュウ目クワガタムシ科
分布　インドネシア、ミャンマーなど
体長　オス42〜82mm、メス42〜55mm

ニジゴミムシダマシは、黒色で美しい虹色光沢をもつ。おもに広葉樹の枯れ木などで見つけられる。

実物大 7mm

和名	ニジゴミムシダマシ
学名	*Tetraphyllus lunuliger*
分類	コウチュウ目ゴミムシダマシ科
分布	日本(北海道、本州、四国、九州、沖縄)
体長	6〜7mm

和名	アカガネオサムシ
学名	*Carabus granulatus granulatus*
分類	コウチュウ目オサムシ科
分布	ヨーロッパ
体長	17〜23mm

本種の体色は地味めだが、落ち着きのある光沢が趣ある姿にしている。上翅にある列状に並んだ凸凹模様が魅力的。後翅は退化しているため飛べない。

夜を彩る発光昆虫

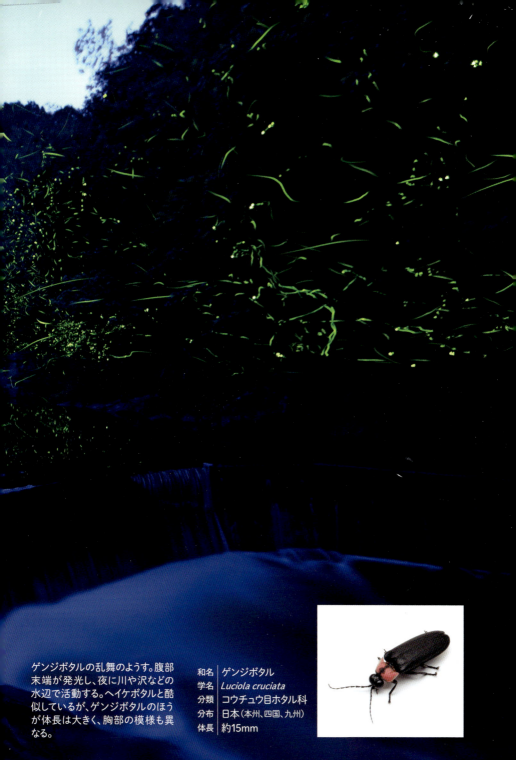

ゲンジボタルの乱舞のようす。腹部末端が発光し、夜に川や沢などの水辺で活動する。ヘイケボタルと酷似しているが、ゲンジボタルのほうが体長は大きく、胸部の模様も異なる。

和名	ゲンジボタル
学名	*Luciola cruciata*
分類	コウチュウ目ホタル科
分布	日本(本州、四国、九州)
体長	約15mm

ムナキキベリボタル（学名：*Pyrophanes appendiculata*）などが1本の木に集まり、集団発光している（撮影：インドネシア・ワイゲオ島）

和名	ヘイケボタル
学名	*Luciola lateralis*
分類	コウチュウ目ホタル科
分布	日本
体長	10〜12mm

水田、湿原などに生息しているヘイケボタル。ゲンジボタルより小型で、ゲンジボタル同様に腹部末端が発光する。

和名	ヒカリコメツキ
学名	*Pyrophorus noctilucus*
分類	コウチュウ目コメツキムシ科
分布	南米
体長	20〜40mm

コメツキムシのなかまで、胸部に2か所、腹部に1か所の計3か所に発光器をもつ。腹部の発光器は飛ぶときのみ発光する。

Column 3
美しく輝く秘密は「構造色」にあり

　自然界にある色は、「色素色」と「構造色」に大別できる。

　色素色は、物質に含まれる色の元、色素がつくり出す色だ。いっぽう、**構造色は、物質がもっている特殊な微細構造によって、反射する光が変化するのが特徴である。**

　身のまわりの物質ではCDやDVD、シャボン玉や真珠といった、一見、金属光沢のようにも見える虹色の輝きが構造色だ。

　動物にも、体表に構造色をもち、さまざまな輝きを発するものがいる。カワセミやクジャクの羽毛、アワビの貝殻の内側などは、よく知られているだろう。昆虫では、タマムシの翅やモルフォチョウの翅がこれにあたり、光の加減によって宝石のように輝くようすは「玉虫色」との形容表現で呼ばれている。

　構造色は、動物の体表や羽毛の規則的な微細構造による、光の散乱、屈折、ふたつ以上の光が重なり合う干渉や、光の波が障害物を回り込んで背後に伝わっていく回折といった光学現象によって生じる色である。

　構造色で青く輝くモルフォチョウの翅は、幅約50μm×長さ約200μm×厚さ4μm（1μmは1000分の1mm）の鱗粉におおわれているが、この鱗粉は「ラメラ」と呼ばれるタンパク質層と空気層が、17層にもなる積層（多層）構造になっている。鱗粉に差し込んだ光は、各階層に反射して干渉を起こし、青色系の波長の光が強められることで、青い金属光沢を発するのである。

　また、色素色は、色素が紫外線などの環境要因によって変色や褪色が起きてしまう。そのいっぽうで**構造色は、微細構造が経年劣化で破壊されない限り、輝きを保ち続ける。**その美しさと耐久性は、ヤマトタマムシの翅を使った工芸品『玉虫厨子』が、法隆寺に宝物として収蔵されるほどなのだ（さすがにその現物の微細構造は劣化してしまったが）。

構造色を持つ昆虫の翅

タマムシ（ヤマトタマムシ）

ヤマトタマムシの上翅表面のようす

太古の美術品にも多く使用されたタマムシの翅には、劣化することなく七色に輝き続けられる「多層構造」という秘密が隠されているのだ。

メネラウスモルフォ

メネラウスモルフォの翅表面のようす

モルフォチョウなどの鱗粉は、棚のように細かな多層構造になっており、この構造によって光の干渉を起こし、美しい青色を生み出す。

第4章 擬態する昆虫

化ける技術① 葉

メダマカレハカマキリは「ベッカム型擬態」と呼ばれる擬態で、枯葉に紛れてターゲットに忍び寄る。

実物大

72mm

和名	メダマカレハカマキリ
学名	*Deroplatys desiccata*
分類	カマキリ目カマキリ科
分布	東南アジア
体長	65〜80mm

プリプリとした緑色の葉に擬態するオドントプテラメダマハゴロモ。

和名	オドントプテラメダマハゴロモ
学名	*Odontoptera carrenoi*
分類	カメムシ目ビワハゴロモ科
分布	中南米
体長	20〜25mm

クロコノマチョウは日中は落ち葉に紛れてあまり移動せず、夕方になると活発に飛び回る。

和名	クロコノマチョウ
学名	*Melanitis phedima*
分類	チョウ目タテハチョウ科
分布	日本(本州〜九州)、台湾、中国、東南アジアなど
前翅長	32〜45mm

ゴキブリのイメージからはかけ離れた美しさ。ゴキブリのなかでも最大種。

和名	オオメンガタブラベルスゴキブリ
学名	*Blaberus giganteus*
分類	ゴキブリ目オオゴキブリ科
分布	南米
体長	75〜100mm

赤い新芽の葉さながらの外見をしており、翅の表面の翅脈が葉脈のようにも見える。

和名	カワリコノハツユムシ
学名	*Orophus conspersus*
分類	バッタ目キリギリス科
分布	中南米
体長	約40mm

画面中央あたり、枝につかまり葉の下に隠れているのがハラブトゼミ。

和名	ハラブトゼミ(オス)
学名	*Cystosoma saundersii*
分類	カメムシ目セミ科
分布	オーストラリア
体長	約25mm

化ける技術② 樹皮・枝

体長が大きく動作が鈍いヒレアシユウレイナナフシは、おもにユーカリの葉っぱなどを食べる。

和名	ヒレアシユウレイナナフシ
学名	*Extatosoma popa*
分類	ナナフシ目ナナフシ科
分布	オーストラリア
体長	約150mm

枝のように直線的で細長い独特なシルエット。大きなものでは脚を伸ばすと500mmを超えるものもいる。

和名	セラティペスオオナナフシ
学名	*Phobaeticus serratipes*
分類	ナナフシ目ナナフシ科
分布	東南アジア
体長	約250mm

カマキリのなかでは最大種で、胸部、脚などの節にある緑色の部分が葉を思わせる姿をしている。

和名	オオカレエダカマキリ
学名	*Paratoxodera cornicollis*
分類	カマキリ目カマキリ科
分布	東南アジア
体長	約180mm

和名	サルオガセツユムシ
学名	*Markia hystrix*
分類	バッタ目キリギリス科
分布	中南米
体長	約60mm

サルオガセという「地衣類」と呼ばれる植物のなかまに擬態し、かつこの地衣類をエサにしている。

中央やや左側に樹表のコケのような模様で擬態している。隠れるときは樹皮に体を密着させまったく動かないため見つけるのはかなり至難。

和名	マレーコケツユムシ
学名	*Trachyzulpha fruhstorferi*
分類	バッタ目キリギリス科
分布	東南アジア
体長	約45mm

クロミドリシジミの幼虫は、昼間は樹皮に保護色で紛れて隠れ、夜になると木を登って葉を食べる。

和名	クロミドリシジミ(幼虫)
学名	*Favonius yuasai*
分類	チョウ目シジミチョウ科
分布	日本(東北地方内陸部、伊那、中国山地、九州)、朝鮮半島
前翅長	18〜19mm

日本最大のゾウムシで、体表面がデコボコしており黒色と灰褐色のまだら模様で、光沢もない。クヌギ、ヌルデなどの樹液に集まる。

和名	オオゾウムシ
学名	*Sipalinus gigas*
分類	コウチュウ目オサゾウムシ科
分布	日本、東南アジア〜東アジア
体長	12〜30mm

化ける技術③ 花

70mm

東南アジアの熱帯林に広く生息し、花に擬態して、さらに化学物質を出し、集まる昆虫を捕食する。「ランカマキリ」と呼ばれることもある。

和名	ハナカマキリ（メス）
学名	*Hymenopus coronatus*
分類	カマキリ目ヒメカマキリ科
分布	東南アジア
体長	メスは70mm前後、オスは約35mm

第4章 擬態する昆虫

1000m以上の山地に多く、成虫はリョウブ、ノリウツギ、シシウドなどの花によく集まる。

和名	マルガタハナカミキリ
学名	*Pachytodes cometes*
分類	コウチュウ目カミキリムシ科
分布	日本（北海道、本州、四国、九州）、千島列島、樺太
体長	10〜17mm

ランの花に隠ぺい擬態している幼虫のヒョウモンカマキリ。

和名	ヒョウモンカマキリ（幼虫）
学名	*Theopropus elegans*
分類	カマキリ目カマキリ科
分布	東南アジア
体長	30〜50mm（成虫）

クズの花に擬態するウラギンシジミの終齢幼虫。

和名	ウラギンシジミ(幼虫)
学名	*Curetis acuta*
分類	チョウ目シジミチョウ科
分布	日本(本州以南)、中国、インド、ネパールなど
前翅長	19〜27mm(成虫)

和名	ハイイロセダカモクメ(幼虫)
学名	*Cucullia maculosa*
分類	チョウ目ヤガ科
分布	日本(北海道〜九州)、朝鮮半島、中国
前翅長	約18mm(成虫)

写真中央にいるのが、ハイイロセダカモクメの幼虫。見事にヨモギの花に擬態している。

化ける技術④ 土・砂利・岩石

バラ科の植物の葉を食べ、体は名前のとおり白い粉におおわれている。個体によっては粉が落ちてしまって黒っぽい個体もいる。

和名	コフキサルハムシ
学名	*Lypesthes ater*
分類	コウチュウ目ハムシ科
分布	日本全土
体長	6〜7mm

河原に生息し、砂地や小石の景色に絶妙に身を隠す。アイヌの名はあるが、本州〜九州にも分布する。

和名	アイヌハンミョウ
学名	*Cicindela gemmata aino*
分類	コウチュウ目オサムシ科
分布	日本（北海道、本州、四国、九州、対馬）、朝鮮半島、中国、シベリア南東部
体長	16〜17mm

和名	ソウウンクロオビナミシャク
学名	*Heterothera taigana sounkeana*
分類	チョウ目シャクガ科
分布	日本（北海道、本州）
開長	28〜34mm

高山帯に生息するガの一種で、写真は岩場の風景に擬態しているところ。

第4章 擬態する昆虫

そっくりさん① ハチ

和名　ヨーロッパキンケトラカミキリ
学名　*Clytus arietis*
分類　コウチュウ目カミキリムシ科
分布　ヨーロッパの一部、ロシアの一部など
体長　13mm〜18mm

"トラカミキリ"と名のつく種は多く、一様に本種のように黄色と黒の組み合わせによる、虎模様、ハチの体色に近いものになっている。

和名	キスジトラカミキリ
学名	*Cyrtoclytus caproides*
分類	コウチュウ目カミキリムシ科
分布	日本(北海道、本州、四国、九州、対馬)、朝鮮半島、中国東北部、ロシアの一部
体長	10〜18mm

ハチに似た配色に飴色の脚、全身に生える細かい毛が特徴。薪や切り倒された木に集まる。

英名	ロビニアアメリカトラカミキリ
学名	*Megacyllene robiniae*
分類	コウチュウ目カミキリムシ科
分布	カナダ、アメリカ合衆国
体長	12〜20mm

アメリカに生息する本種も、ハチのなかまに擬態していると思しき体色をしている。

第4章 擬態する昆虫

ガの一種だが、ホソアシナガバチのような体色、体型をしており、動きも機敏。

和名	カシコスカシバ
学名	*Synanthedon quercus*
分類	チョウ目スカシバガ科
分布	日本（本州、四国、九州、対馬、屋久島）
体長	23〜26mm（オス）、19〜34mm（メス）

和名	トラフカミキリ
学名	*Xylotrechus chinensis*
分類	コウチュウ目カミキリムシ科
分布	日本（北海道、本州、四国、九州、沖縄以北、対馬）、朝鮮半島、中国とロシアの一部
体長	17〜26mm

本種を頭部側から見ると、複眼や短めの触角など大型のスズメバチそのもの。クワの木の幹で見られる。

90、91ページでも紹介しているカマキリモドキの一種。その姿かたちはアシナガバチに酷似している。

和名	オオイクビカマキリモドキ
学名	*Euclimacia badia*
分類	アミメカゲロウ目カマキリモドキ科
分布	日本（八重山諸島）、台湾
体長	23〜27mm

和名	アミメハチマガイツノゼミ
学名	*Heteronotus reticulatus*
分類	カメムシ目ツノゼミ科
分布	南米
体長	3〜8mm

和名に冠した"ハチマガイ"のように、背側にある特徴的な角がハチに擬態しているものと思われる。

和名	シイシギゾウムシ
学名	*Curculio hilgendorfi*
分類	コウチュウ目ゾウムシ科
分布	日本
体長	10mm前後

シイジギゾウムシの特徴を示す長い口吻は、硬い木の実や樹皮に穴を開けるために使われる。

腹部の部分のくびれに2本の黄色い帯と、ハチさながらの姿。ドロバチのなかまに擬態していると思われる。

和名	ハチモドキハナアブ
学名	*Monoceromyia pleuralis*
分類	ハエ目ハナアブ科
分布	日本（本州、九州）
体長	15〜20mm

そっくりさん② **カマキリ**

20mm 実物大

立派な鎌を持ち肉食だが、カマキリに擬態しているわけではなく、厳密には一種の収斂進化の結果であり、カマキリとはまったく関係がないアミメカゲロウのなかま。

和名	キカマキリモドキ
学名	*Eumantispa harmandi*
分類	アミメカゲロウ目カマキリモドキ科
分布	日本（本州、四国、九州）
体長	20mm前後

11mm 実物大

和名	ヒメカマキリモドキ
学名	*Mantispa japonica*
分類	アミメカゲロウ目カマキリモドキ科
分布	日本（北海道、本州、四国、九州）
体長	8〜14mm

キカマキリモドキ同様に収斂進化したアミメカゲロウのなかまで、黄色と黒の体色はハチに擬態しているものと思われる。

体色が緑色をした南米産のカマキリモドキ。若葉に紛れるための体色と思われる。

和名	ミドリカマキリモドキ
学名	*Zeugomantispa minuta*
分類	アミメカゲロウ目 カマキリモドキ科
分布	南米
体長	16〜22mm

そっくりさん③ テントウムシ

ブナ科、バラ科、マメ科の植物の葉上で見られる。赤色地に黒色紋の成虫は、鳥が食べないテントウムシに擬態しているとされる。

和名	クロボシツツハムシ
学名	*Cryptocephalus signaticeps*
分類	コウチュウ目ハムシ科
分布	日本(本州、四国、九州)
体長	5mm前後

マルウンカはヨコバイなどと近縁だが、正円に近く丸い体型や模様はテントウムシに擬態しているものと思われる。

和名	キボシマルウンカ
学名	*Ishiharanus iguchii*
分類	カメムシ目マルウンカ科
分布	日本（本州、四国、九州、対馬）
撮影地	大阪
体長	5.5〜6.0mm

和名	イタドリハムシ
学名	*Gallerucida bifasciata*
分類	コウチュウ目ハムシ科
分布	日本（北海道〜九州）、朝鮮半島、シベリア東部、中国、台湾
体長	約7.5mm

イタドリの葉を食べるためイタドリハムシの名で呼ばれる。成虫でも一見テントウムシのようだが、幼虫もテントウムシの幼虫に似ている。

テントウムシ科と同じコウチュウ目だが、まったく別の科であるテントウダマシ科に属する。

和名	テントウダマシのなかま
学名	*Eumorphus* spp.
分類	コウチュウ目テントウダマシ科
分布	東南アジア
体長	10〜20mm

そっくりさん④ アリ

カタアリ（学名:*Dolichoderus bituberculatus*）の近くで頻出するカメムシで、サイズ、体色、体型、肌の質感に至るまでカタアリそっくり。

和名 ヒョウタンカスミカメ属の近縁
学名 *Pirophorus* sp.
分類 カメムシ目カスミカメムシ科
分布 東南アジア
体長 約3mm

写真中央、周囲のアリに比べると頭部が小さく腹部が大きいのがナミグンタイアリハネカクシ。ナミグンタイアリといっしょに狩りに出かけ、エサを拝借する。

和名	ナミグンタイアリハネカクシ
学名	*Ecitophya gracillima*
分類	コウチュウ目
分布	中南米
体長	約5mm

ツヤヒメサスライアリの引っ越し時にアリに運ばれてるマラツヤヒメサスライアリハネカクシ(写真中央)。

和名	マラヤツヤヒメサスライアリハネカクシ
学名	*Procantonnetia malayensis*
分類	コウチュウ目
分布	マレーシア
体長	約4mm

和名	アリカマキリ(幼虫)
学名	*Odontomantis* sp.
分類	カマキリ目ヒメカマキリ科
分布	東南アジア
撮影地	マレー半島
体長	約10mm

和名は幼虫期にアリに似ていることに由来する。熱帯のアリは咬む・刺すなどの危険があるため、強者のアリに似せた「ベイツ型擬態」だと考えられる。

和名	アリツギツノゼミ
学名	*Cyphonia clavata*
分類	カメムシ目ツノゼミ科
分布	南米
体長	約3.5mm

ツノの先端がアリの触角、ふくらみがアリの体のシルエットに見えるアリツギツノゼミ。

アリそっくりなハチ。地面を素早く走り、地中につくられたマルハナバチの巣へ侵入してその蛹に寄生する生態をもつ。

和名	ミカドアリバチ
学名	*Mutilla mikado*
分類	ハチ目アリバチ科
分布	日本(北海道、本州、四国、九州)
体長	オス13mm前後 メス12〜16mm

アリに擬態しているクモ。ハリアリは通常長めのキバが前方に突き出ているが、まるでそれを真似るかのようにこのクモは口元の触肢を前方に突き出している。

和名	ハリアリに似たアリグモ
学名	不明
分類	クモ目ハエトリグモ科
分布	不明
撮影地	フレンチギアナ
体長	3mm程度

Column 4

擬態の種類

　食物連鎖に着目すると、昆虫が、捕食者の肉食性生物を支える重要な食料源として、生態系ピラミッドの底辺を支えているのがわかるだろう。
　だが昆虫も、何の防御もなく食べられているわけではない。さまざまな戦術を使い、肉食の昆虫、両生類や爬虫類、鳥類、ほ乳類などから身を守っている。そのひとつが「擬態」である。
　擬態とは、ほかの生物や、自然界の物体のかたちや色彩をまねて身を隠す能力のこと。この擬態は大別すると2種類ある。「身を隠す」方法と、「毒のあるものをまねる」方法である。
　「隠ぺい擬態」は、先の「身を隠す」方法だ。よく知られるものでは、木の小枝に姿を似せるナナフシや、樹皮に似せるガなどがいる。
　「ベッカム型擬態」は、捕食者が使う隠ぺい擬態。肉食の昆虫が、まわりの環境やなかまに見せかけて接近し、獲物を捕獲するための擬態だ。花に似たハナカマキリなどがこれに該当する。

　「ベイツ型擬態」は、危険生物のふりをして自分を目立たせ、捕食者を寄せつけない防御方法である。擬態のモデルとなるのは、捕食者も敬遠することの多いヘビやハチなどだ。たとえば日本にも、ハチに擬態したスカシバガ科に属するガがたくさん存在する。
　また、複数の危険生物同士が、お互いに色彩や模様を似せ合って、周囲に警戒すべき色や危険な模様の存在をアピールしている場合もある。
　これは「ミューラー型擬態」と呼ばれるもので、代表的なものでは、スズメバチとアシナガバチが挙げられる。両者はともに毒針をもち、どちらも黄色と黒の色の体色で、模様もよく似ている。南米のドリスドクチョウとエラトドクチョウなど、毒をもつドクチョウのなかまもこれにあたり、翅はいずれも黒地に赤と白の斑紋で、模様も似ている。
　こうして複数の種で協調し、色彩や模様を似せることで、警告効果を高めているというわけだ。

隠ぺい擬態

ヒレアシユウレイナナフシ
→昆虫の詳細な情報は74ページへ

ベッカム型擬態

ハナカマキリ
→昆虫の詳細な情報は78ページへ

ベイツ型擬態

カシコスカシバ
→昆虫の詳細な情報は86ページへ

ミューラー型擬態

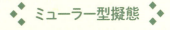

フタモンアシナガバチ（上）
オオスズメバチ（下）

第5章 昆虫の変態

コウチュウ目の変態

カブトムシが属するコウチュウ目は、卵から孵化し幼虫になり、蛹を経て成虫になる「完全変態」と呼ばれる変態をおこなう。

和名	カブトムシ(オス)
学名	*Trypoxylus dichotomus*
分類	コウチュウ目 コガネムシ科
分布	日本(北海道、本州、四国、九州)、台湾、インドシナ半島、朝鮮半島、中国
体長	オス40〜80mm メス40〜60mm

1 卵〜1齢幼虫〜終齢幼虫

卵から孵ったカブトムシの1齢幼虫は、脱皮し2齢幼虫、終齢幼虫と成長する。

2 終齢幼虫・前蛹

終齢幼虫は夏のはじめに腐葉土中に蛹になるための部屋(蛹室)をつくり、蛹化するための準備をはじめる。

3 蛹化

蛹室の準備が整うと終齢幼虫は蛹室内で脱皮して蛹になる(蛹化)。

4 羽化

蛹化してから数日すると蛹の殻を脱ぎはじめ、20〜30分かけて羽化する。

5 地上へ

羽化後1日ほどで翅が硬化し、しばらくすると土を掘って地上へはい出てくる。

チョウ目の変態

チョウ目の昆虫も完全変態のかたちをとる。リンゴシジミは終齢幼虫になるにつれ背中が赤色に変化していくのが特徴的。

和名	リンゴシジミ
学名	*Strymonidia pruni*
分類	チョウ目シジミチョウ科
分布	日本(北海道)
開長	約28mm

1 卵

卵は1mm程度で、木の枝の節などに産みつけられる。

2 孵化〜4齢幼虫

孵化したシジミチョウの幼虫は、脱皮をくりかえし2齢、3齢、4齢幼虫とじょじょに体が大きくなっていく。

3 蛹化

リンゴシジミは4齢幼虫を経て蛹になる。チョウの種によって蛹化するまでの齢数は異なり、少ない種で4齢、多い種では12齢まである。

4 羽化→成虫へ

完全変態する昆虫は幼虫と成虫では大きく姿を変える。チョウの種によって齢数だけでなく成虫になるまでの成長スピードも大きく異なる。

カメムシ目の変態

セミが属するカメムシ目は卵→幼虫→成虫へと成長する「不完全変態」。下のジュウシチネンゼミはほかに類を見ない17年周期で羽化する種。

和名 | ジュウシチネンゼミ
学名 | *Magicicada septendecim*
分類 | カメムシ目セミ科
分布 | 北米北部
体長 | 27〜30mm

1 卵

セミのメスは交尾を終えると枯れ木や樹皮の裏に産卵する。孵化時期は種類によって異なる。

2 1齢幼虫〜終齢幼虫

樹上などで孵化した1齢幼虫は地面に落ちてすぐに地中に潜り、脱皮をくりかえし終齢幼虫になるまで16年地中で暮らす。

3 地上へ

終齢幼虫になりじゅうぶんに成長すると、17年目に羽化するために地中から地上に出てくる。

4 羽化〜成虫へ

地上に出ると木に登り羽化がはじまる。背中が割れ、成虫は殻からぶらさがるように出てくる。翅が伸びて乾くと飛び立つ。

トンボ目の変態

日本で広く見られるオニヤンマが属するトンボ目は「不完全変態」をするが、幼虫時は水生、成虫時は陸生になる(原変態)。

和名	オニヤンマ
学名	*Anotogaster sieboldii*
分類	トンボ目オニヤンマ科
分布	日本(北海道〜九州、奄美大島、沖縄)
体長	オス90〜103mm、メス98〜114mm

1 交尾〜卵〜孵化

トンボは交尾を終えると、卵を水中に産み落とす。産み落とされた卵は水中で孵化する。

2 水中での成長

幼虫（ヤゴ）は成虫になるまで水中でほかの虫や魚などを捕食して暮らし、羽化できるようになるまで成長する。

3 地上へ〜羽化

羽化の準備が整うと水上の草木に上がり、羽化しはじめる。幼虫の背中の皮が割れ、その皮を脱ぐようにして新成虫が出てくる。

4 成虫になり空へ

トンボの成虫は皮から完全に出てくると、翅を伸ばし乾くまでその場にじっと留まる。翅が乾くと空へと飛び立つ。

バッタ目の変態

トノサマバッタが属するバッタ目は不完全変態だが、若虫と成虫で翅の有無以外の大差がないため、とくに「小変態」という種類にあたる。

和名 | トノサマバッタ
学名 | *Locusta migratoria*
分類 | バッタ目バッタ科
分布 | 日本(北海道〜本州)
体長 | オス35〜40mm、メス45-65mm

1 卵

バッタのメスは交尾をする際、腹部の先端を土中に突き刺し、泡状の卵嚢に包み込んだかたちで産卵する。

2 孵化〜地上へ

孵化した卵から出て地上に出たトノサマバッタ。小変態の昆虫の幼虫時の姿かたちは、さほど成虫と変わらない。

3 1齢幼虫〜終齢幼虫

葉を食べるトノサマバッタの1齢幼虫。誕生してから終齢幼虫のあいだも脱皮はするが、食べものや生息環境は成虫と大差ない。

4 終齢幼虫〜脱皮〜成虫へ

トノサマバッタの場合は5齢が終齢で、終齢幼虫から脱皮することで成虫になる。その際翅が伸び、メスでは腹部の先端に産卵管ができる。

Column 5

昆虫はなぜ変態するのか？

　昆虫を観察してみると、幼虫と成虫の姿が、まったく結びつかないものが少なくない。成長する機能に特化した幼体から、生殖機能をもつ成体へと成長する過程で、形態を大きく変える能力を「変態」と呼び、その変化にともなって生活様式や棲息場所も異なる場合もある。

　昆虫類が変態をおこなうようになった理由は解明されていないが、一説には、昆虫が生まれた古生代、石炭紀からペルム紀にかけ、蛹の段階を経ることで寒冷期を乗り切るように進化したからだともいわれている。

　変態をおこなう代表選手がチョウだ。アゲハチョウは、柑橘系植物の葉に産みつけられた卵から、鳥のフンに擬態した1〜4齢幼虫となり、木の葉の色に似た終齢幼虫を経て蛹となり、翅をもつ成虫へと変態する。ほとんど動くことのない蛹の中では、幼虫の体が一旦分解され、成虫の体のもととなる「成虫原基」を中心に、新しく形態形成がおこなわれるのだ。このような変態を「完全変態」と呼ぶ。

　一方、翅をもつ昆虫でも、卵から若虫と呼ばれる幼虫になり、蛹のステップを経ずに成虫へと移行するのは「不完全変態」だ。不完全変態の代表種は「小変態」をおこなうバッタ目やカマキリ目。羽化と呼ばれる脱皮で翅を獲得する外翅類である。ほかにはトンボ目のヤゴのように生活環境を大きく変える「原変態」の種もいる。

　また卵から孵ったまま姿を変えない種もいて、これは「無変態」と呼ばれる。トビムシやシミのなかまがこれにあたり、脱皮の回数は多いが体が大きくなるだけで、成虫になっても翅をもつことはない。

　無変態以外の昆虫がおこなう変態の大きな要因は「翅」である。石炭紀の初期の昆虫は、水中の捕食者から逃れ、交尾相手を広く求めるために空中に進出したと考えられている。短い生命サイクルながら、環境の変化を乗り切ったり、広範囲に移動できる翅を獲得したりする「変態」こそ、昆虫が4億年を生きのび、繁栄した秘密なのである。

変態の種類・特徴とあてはまる各昆虫（目）

変態の種類	区分	昆虫（目）	備考
無変態（昆虫全体の0.6%）	−	カマアシムシ目 コムシ目 トビムシ目 シミ目	脱皮により個体の体長は大きくなっていくが、外部生殖器以外に変化はない。
不完全変態（昆虫全体の約14%）	前変態	カゲロウ目	成虫になる前に飛翔力が弱く未成熟な亜成虫という段階があり、亜成虫が脱皮して成虫となる。
	原変態	トンボ目 カワゲラ目	若虫は気管エラをもち水生で、成虫になると陸に上がり飛ぶ。
	小変態	バッタ目 ナナフシ目 ハサミムシ目 ゴキブリ目 シロアリ目 カマキリ目 カメムシ目など	若虫と成虫には翅の有無以外には大差がない。また、生息場所も若虫と成虫で同様の場所に生息する。
完全変態（昆虫全体の約86%）	−	コウチュウ目 チョウ目 ハエ目 ハチ目など	変態過程は卵→幼虫→蛹→成虫と、蛹を経るところが特徴。たとえばチョウ目では翅のないイモムシと翅のある成虫というように、幼虫と成虫では姿かたちが大きく異なる。

第6章 昆虫の多様な生活
いろいろなかたちの巣

和名	キアシトックリバチ
学名	*Eumenes rubrofemoratus*
分類	ハチ目ドロバチ科
分布	日本(北海道、本州、四国、九州)
体長	13〜17mm

徳利(とっくり)のような形状の泥でできた巣の中には、仮死状態にしたシャクガを中心としたガの幼虫が詰めてあり、孵化した幼虫はそれを食べて成長し、羽化後に巣のふたを破り外に出る。

キゴシジガバチの巣。泥で筒状の巣をつくり、その中に卵を産み、幼虫のエサとなる仮死状態のクモを詰める。

和名	キゴシジガバチ
学名	*Sceliphron madraspatanum*
分類	ハチ目ジガバチ科
分布	日本（本州南部〜南西諸島）、ベトナム、中国
体長	約20mm

和名	トゲアシハリナシバチ
学名	*Trigona spinipes*
分類	ハチ目ミツバチ科
分布	南米
体長	約5mm

トゲアシハリナシバチの巣。木から伸びているようにも見えるこの筒状のものが巣の入り口。樹液（樹木のヤニ）でつくられている。針がないためハリ"ナシ"バチと呼ばれるが、咬んで攻撃する種もいる。

和名	ニホンミツバチ
学名	*Apis cerana*
分類	ハチ目ミツバチ科
分布	東アジア
撮影地	働きバチ約13mm
体長	約5mm

ニホンミツバチの巣。左は新たな女王バチが誕生(羽化)する前に、それまでいた女王バチがはたらきバチとオスバチを引き連れて新しい巣へ移動する、「分封(ぶんぽう)」の最中。

岩場につくられたアシナガバチのなかまの巣。

和名	チビアシナガバチのなかま
学名	*Ropalidia* sp.
分類	ハチ目
分布	オーストラリア
撮影地	オーストラリア
体長	10〜12mm

ヒカリキノコバエの成虫。交尾と産卵のためのわずか数日しか寿命がない。

ヒカリキノコバエ(幼虫)の巣。このハエの幼虫は「ツチボタル」ともいわれ、洞窟の天井から暗いところで青白く光る粘液をたらし、この粘液に昆虫などのエサを絡めとって捕食する。

和名	ヒカリキノコバエ
学名	*Arachnocampa luminosa*
分類	ハエ目キノコバエ科
分布	オーストラリア東海岸、ニュージーランド
体長	約8mm

ヤマトビイロトビケラの筒巣。トビケラといえば川虫であることで知られるが、本種は希少な完全陸生で、幼虫期につくられるこの筒巣は、水生トビケラ同様に砂粒をつづって形成される。

和名	ヤマトビイロトビケラ
学名	*Nothopsyche montivaga*
分類	トビケラ目エグリトビケラ科
分布	日本（岡山県以西の本州、四国、九州）
体長	約5mm

シカクシロアリのなかまの巣。高さ600mm前後とさほど大きくないものの人の手で簡単に壊せないほど頑丈。

和名	シカクシロアリのなかま
学名	*Cubitermes* sp.
分類	ゴキブリ目シロアリ科
分布	アフリカ
撮影地	アフリカ(ケニア)
体長	約5mm

変わった産卵のしかた

寄生バチのキイロタマゴバチがキアゲハの卵に産卵しているところ。成虫になるまでその卵の中で生活する。

和名	キイロタマゴバチ
学名	*Trichogramma dendrolimi*
分類	ハチ目
分布	日本、アジア
体長	0.5〜1mm

羽化しヤママユガの卵から出るシロオビタマゴバチ。この蜂はヤママユガやオビカレハなどの大型のガの卵に寄生する。

和名	シロオビタマゴバチ
学名	*Pseudanastatus albitarsis*
分類	ハチ目
分布	日本、中国、台湾
体長	2〜3mm

コハンミョウの幼虫に産卵するホソツヤアリバチ。地面に巣穴をつくるハンミョウの幼虫に近づいて毒針で刺して自由を奪い、産卵する。孵化するとハンミョウを食べて成長する。

和名	ホソツヤアリバチ
学名	*Methocha yasumatsui*
分類	ハチ目コツチバチ科
分布	日本
体長	10mm前後

第6章 昆虫の多様な生活

借りぐらしの昆虫たち

和名	クロヤマアリ、ミヤマシジミ(幼虫)
学名	*Formica japonica*、*Lycaeides argyrognomom*
分類	ハチ目アリ科、チョウ目シジミチョウ科
撮影地	長野県
体長	アリ:約5mm、チョウ(幼虫):約8mm

好蟻性昆虫として知られるミヤマシジミの幼虫と、保護するクロヤマアリ。ミヤマシジミの幼虫の体から分泌される蜜はクロヤマアリにとって栄養豊富であるため、蜜をもらうかわりにミヤマシジミの幼虫を外敵から守るという共生関係にある。

カエデクチナガオオアブラムシとそれを守るヒゲナガケアリ。このアブラムシはカエデ類の樹幹根元に生息し、蟻道内で生活する好蟻性昆虫。

和名	ヒゲナガケアリ、カエデクチナガオオアブラムシ
学名	*Lasius productus*、*Stomaphis aceris*
分類	ハチ目アリ科、カメムシ目アブラムシ科
撮影地	東京都
体長	約5mm

クヌギクチナガオオアブラムシは、クサアリ類と共生する好蟻性昆虫で、無防備になるときもクサアリによって保護される。

和名	フシボソクサアリ、クヌギクチナガオオアブラムシ
学名	*Lasius nipponensis*、*Stomaphis japonica*
分類	ハチ目アリ科、カメムシ目アブラムシ科
撮影地	長野県
体長	約5mm

クチナガオオアブラムシとヨーロッパクロクサアリも共生関係にある。

和名	ヨーロッパクロクサアリ、クチナガオオアブラムシ
学名	*Lasius fuliginosus*、*Stomaphis* sp.
分類	ハチ目アリ科、カメムシ目アブラムシ科
分布	ヨーロッパ
撮影地	チェコ
体長	約5mm

和名	ハヤシケアリ、ヤノクチナガオオアブラムシ
学名	*Lasius hayashi*、*Stomaphis yanonis*
分類	ハチ目アリ科、カメムシ目アブラムシ科
撮影地	福岡県
体長	3〜5mm

ハヤシケアリはエノキやケヤキの幹に土を固めてトンネル状の蟻道をつくり、このアブラムシはその蟻道内でアリと共生する。

オニグルミクチナガオオアブラムシをトビイロケアリが守っているようす。

和名	オニグルミクチナガオオアブラムシ、トビイロケアリ
学名	*Stomaphis matsumotoi*、*Lasius japonicus*
分類	カメムシ目アブラムシ科、ハチ目アリ科
撮影地	長野県
体長	約5mm

和名	エゾアカヤマアリ、ミヤママルツノゼミ(幼虫)
学名	*Formica yessensis*、*Gargara rhodendrona*
分類	ハチ目アリ科、カメムシ目ツノゼミ科
撮影地	長野県
体長	共に約4〜5mm

ミヤママルツノゼミの幼虫をエゾアカヤマアリが保護しているようす。ミヤママルツノゼミも好蟻性昆虫。

和名	ツムギアリ、アリノスシジミ(幼虫)
学名	*Oecophylla smaragdina*、*Liphyra brassolis*
分類	ハチ目アリ科、チョウ目シジミチョウ科
撮影地	マレーシア
体長	アリ:6〜8mm、チョウ(幼虫):約25〜30mm

ツムギアリの巣の中にいるアリノスシジミの幼虫(中央)。アリノスシジミはツムギアリの巣内でツムギアリの幼虫を捕食する。

バーチェルグンタイアリの兵隊アリの大あごの内側に寄生するトゲダニ亜目のダニ。

和名	バーチェルグンタイアリ、トゲダニ亜目のダニ
学名	*Eciton burchellii*、*Circocyliba* sp.
分類	ハチ目アリ科、ダニ目
撮影地	ペルー
体長	2〜3mm

アリノタカラをくわえているのはミツバアリの新女王で、元の巣からアリノタカラを連れ出したところ。1匹連れて巣を出て、単為生殖のアリノタカラを次の巣でも殖やす。

和名	アリノタカラ、ミツバアリ
学名	*Eumyrmococcus smithi*、*Acropyga sauteri*
分類	カメムシ目カイガラムシ上科、ハチ目アリ科
分布	日本(本州以南)
撮影地	熊本
体長	アリノタカラ:約1mm、ミツバアリ:2〜2.5mm

第6章　昆虫の多様な生活

植物を利用する昆虫

オトシブミは、産卵の際にクヌギやコナラなどの広葉樹の葉を筒状に巻き、その中に卵を産みつける。

和名	オトシブミ
学名	*Apoderus jekelii*
分類	コウチュウ目オトシブミ科
分布	日本(北海道〜九州)
体長	8〜9.5mm

9mm

実物大

和名	ハキリアリ
学名	*Atta cephalotes*
分類	ハチ目アリ科
分布	北米東南部〜中南米
体長	3〜15mm

ハキリアリは切り落とした葉を巣に持ち帰り発酵させ、そこにハキリアリのエサであるアリタケと呼ばれる菌を植え、栽培する。

和名	アカシアアリ
学名	*Pseudomyrmex ferrugineus*
分類	ハチ目アリ科
分布	中米
体長	約6mm

アカシアアリはアカシアから樹液を摂取し、アカシアを保護するという共生関係にある。

和名	シリアゲアリのなかま、カイガラムシのなかま
学名	*Crematogaster* sp.、*Coccus* sp.
分類	ハチ目アリ科、カメムシ目カイガラムシ上科
撮影地	マレーシア
体長	アリ:約2.5mm、カイガラムシ:1〜3mm

オオバギは茎の中にアリを住まわせ栄養豊富な樹液を与えるのと引きかえに、アリに葉を食い荒らす昆虫から守ってもらう「アリ植物」。

ケクロピアもアリと共生するアリ植物。ケクロピアをほかの昆虫から守る。アステカアリはその見返りとして葉のつけ根に分泌される栄養体（左）を提供してもらう。

和名	アステカアリのなかま
学名	*Azteca* sp.
分類	ハチ目アリ科
撮影地	ペルー
体長	約3mm

第6章 昆虫の多様な生活

Column 6
昆虫たちの多様なコミュニケーション

　昆虫には、**同種の個体が集団で暮らし、分業や協力といった社会システムをつくりあげるハチやアリ、シロアリなどがいる**。ところが、こうした社会性昆虫に依存し、巣に同居して生活環境や資源を共有、搾取したり、宿主に何らかの報酬を与え、**ほかの生物からの攻撃を避けたりする好蟻性昆虫というものもいる**。

　たとえば、オニグルミクチナガオオアブラムシとトビイロケアリの関係がそうだ。アブラムシは樹幹の汁を吸い、必要以上の糖分やアミノ酸を排泄する。トビイロケアリは、その排泄された栄養豊富な「甘露」をエサにしながら、クモやテントウムシ、ハナアブなどの捕食者や寄生者から、アブラムシを保護してもいる。また甘露を排泄すると、それを栄養源にカビが発生して、アブラムシの食料である植物が病気になる恐れもあるため、環境を清潔に保つ効果もあるのだ。アブラムシとアリは、ウィンウィンな関係、まさに共生関係といえるのだ。

　ミツバアリとアリノタカラの関係も同様だが、その関係性はもっと極端だ。アリノタカラはカイガラムシのなかまでやはり甘露を出すが、ミツバアリは栄養のほとんどすべてをこれに頼っている。反対にアリの巣の中で生活するアリノタカラも、アリの世話がなければ、生活することができないのだ。

　こうした共生を利用する種もいる。アリノスシジミというチョウの幼虫は、化学的偽装でだましながら、ツムギアリの幼虫を食べてしまう。しかし、当のアリたちはまったく気がつかない。アリに姿かたちが似たコウチュウ目のハネカクシも、アリの巣に紛れて棲む昆虫だ。普段は獲物をかすめ取ったり、死んだアリを食べるくらいだが、空腹時にはアリ自体を捕食してしまうことすらある。

　こうした共生や偽装といった昆虫の依存関係は、視覚よりも化学物質や音声を媒介としている。昆虫同士は、人間が考えているよりも多様な関係を築いている。コミュニケーションをとっているといっても差し支えないだろう。

樹幹に口吻を刺し樹液を吸うオニグルミクチナガオオアブラムシと外敵からアブラムシを守るトビイロケアリ
→昆虫の詳細な情報は125ページへ

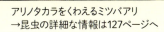

アリノタカラをくわえるミツバアリ
→昆虫の詳細な情報は127ページへ

ツムギアリの巣の中にいる
アリノスシジミの幼虫
→昆虫の詳細な情報は126ページへ

第7章 人智を超えたかたちの昆虫
異形ばかりのツノゼミ

4つのコブがある不思議なかたちをしたツノをもつヨツコブツノゼミ。

和名	ヒメヨツコブツノゼミ
学名	*Bocydium* sp.
分類	カメムシ目ツノゼミ科
分布	中米
体長	約5mm

和名	ハンゲツツノゼミ
学名	*Cladonota* sp.
分類	カメムシ目ツノゼミ科
分布	中米
体長	約8mm

ハンゲツの角の部分は、樹木の節や樹皮のような変わった質感をしている。

ツノゼミのなかでも、群を抜いて特徴的な角をもつウシヅノツノゼミ。

和名	オウシツノゼミ
学名	*Leptocentrus taurus*
分類	カメムシ目ツノゼミ科
分布	インド〜東南アジア
体長	10〜12mm

和名	フトバラトゲツノゼミ
学名	*Umbonia crassicornis*
分類	カメムシ目ツノゼミ科
分布	北米〜中米
体長	約13mm

まるでバラのトゲのような形状の角をもつトゲツノゼミ。

和名	オオハタザオツノゼミ
学名	*Gigantorhabdus enderleini*
分類	カメムシ目ツノゼミ科
分布	東南アジア
体長	約15mm

ヒョウ柄のような体の模様がかわいらしいオオハタザオツノゼミ。ツノゼミのなかではかなり体長が大きい。

和名	アカズキンカブトツノゼミ
学名	*Enchophyllum cruentatum*
分類	カメムシ目ツノゼミ科
分布	南米
体長	約10mm

黒地の体色にワンポイントで入った赤い波模様がスタイリッシュなアカズキンカブトツノゼミ。

和名｜アカモンマルエボシツノゼミ
学名｜*Membracis sanguineoplaga*
分類｜カメムシ目ツノゼミ科
分布｜南米
体長｜11〜13mm

アカズキンカブトツノゼミに模様や体色は似ているが、アカモンマルエボシツノゼミのほうが角が控えめ。

第7章 人智を超えたかたちの昆虫　137

ありえない角

100mm

実物大

カブトムシとしてはアジア最大種で、南米のヘラクレスオオカブトとならび人気が高い。生息域が熾烈な生存競争を強いられる東南アジアであるためか、非常に気が荒い。左右中央の長く伸びた3本の角が特徴。

和名	コーカサスオオカブト
学名	*Chalcosoma caucasus*
分類	コウチュウ目コガネムシ科
分布	スマトラ島・ジャワ島・マレー半島・インドシナ半島
体長	60〜120mm

成虫は竹に集まり、長い前脚と角で竹につかまりながら戦う。

和名	ノコギリタテヅノカブト
学名	*Golofa porteri*
分類	コウチュウ目コガネムシ科
分布	中南米
体長	40〜60mm

和名	クワガタマルカメムシ
学名	*Ceratocoris cephalicus*
分類	カメムシ目マルカメムシ科
分布	マダガスカル
体長	約5mm

カメムシの一種で、頭部〜腹部にかけてはほかのカメムシ同様に全体に丸い形状だが、カブトムシのような角が特徴的。

和名	シカツノミバエ
学名	*Phytalmia alcicornis*
分類	ハエ目ミバエ科
分布	オーストラリア
体長	約15mm

ハエ目の昆虫でありながら、世にも珍しいヘラジカのような角をもっている。角をもつのはオスのみで、角は戦いで使うとされる。

飛び出たメダマ

和名　シュモクバエのなかま
学名　*Teleopsis* sp.
分類　ハエ目シュモクバエ科
分布　東南アジア
体長　約5mm

シュモクバエは、一部の種を除いて成虫はオス・メスともに左右に長く伸びた眼をもつ。

名前に"メダカ"とあるとおり、眼が大きく高い位置についている。林内の湿気の多い下草葉上や倒木の上で見られる。

和名　シロスジメダカハンミョウ
学名　*Therates aloobliquatus*
分類　コウチュウ目オサムシ科
分布　日本(屋久島以南、琉球列島)、台湾
体長　約10mm

和名	エダメバエ
学名	*Achias* sp.
分類	ハエ目ヒロクチバエ科
分布	ニューギニア
体長	約8mm

左右に伸びた目からシュモクバエのようにも思えるが、体の形状と翅のかたちからヒロクチバエの一種と思われる。

第7章 人智を超えたかたちの昆虫

巨大すぎる昆虫

一見凶暴そうに見えるが、実際には草食性で動きはあまり早くない。

和名	トゲアシナナフシ
学名	*Eurycantha calcarata*
分類	ナナフシ目ナナフシ科
分布	ニューギニア島、ニューカレドニア島、ソロモン諸島
体長	約120mm

実物大

220mm

144

和名	サカダチコノハナナフシ（メス）
学名	*Heteropteryx dilatata*
分類	ナナフシ目コノハムシ科
分布	東南アジア
体長	オス約100mm、メス約250mm

メスは手のひらよりも大きくなり、怒るとトゲのある後脚で攻撃する。

ヘラクレスオオヤママユ、ヘラクレスモスなどとも呼ばれ、ヘラクレスの名を冠するとおり翅の総面積が世界最大の種。

和名	ヘラクレスサン（メス）
学名	*Coscinocera hercules*
分類	チョウ目ヤママユガ科
分布	オーストラリア〜ニューギニア
開長	約220mm

第7章 人智を超えたかたちの昆虫

透けた昆虫

和名	ベニスカシジャノメ
学名	*Cithaerias pireta*
分類	チョウ目タテハチョウ科
分布	南米
前翅長	約30mm

背景が透けて見えるほど透明な翅をもつベニスカシジャノメ。美しい後翅端の紅色のグラデーションが和名の由来。

翅に鱗粉がほとんどなく翅が透明。こうした透明な翅は、開けた場所でも背景に溶け込み、捕食者に見つかりにくくするためだといわれる。

和名	スカシマダラ
学名	*Pteronymia artena*
分類	チョウ目マダラチョウ科
分布	南米
開長	約30mm

和名	ヒトツメジンガサハムシ
学名	*Ischnocodia annulus*
分類	コウチュウ目ハムシ科
分布	南米
体長	約6mm

透明な薄板が扁平な伸びる奇妙なかたちで、背の模様や隆起部分の光沢は個体によって異なる。

和名	コモリカメノコハムシ
学名	*Acromis sparsa*
分類	コウチュウ目ハムシ科
分布	南米
体長	10〜15mm

カメノコハムシ類の一種で本種は産んだ卵をふ化するまで抱える。

体が異常に発達した昆虫

和名　ヨーロッパコフキコガネ
学名　*Melolontha melolontha*
分類　コウチュウ目コガネムシ科
分布　イギリス
体長　約23〜28mm

触角の先端は板状で可動。夜行性で灯火に集まる。

キリンのごとき首の長さから英名でも「ジラフビートル」と呼ばれるオトシブミ。マダガスカルにしか生息しない固有種。

和名　キリンクビナガオトシブミ
学名　*Trachelophorus giraffa*
分類　コウチュウ目オトシブミ科
分布　南アフリカ・マダガスカル
体長　オス15〜25mm
　　　メス12〜15mm

沖縄本島、宮古島、石垣島、西表島にしか分布しない沖縄の固有種で、5〜8月に見ることができる。「トンボ」と名がついているもののトンボ目ではなく、アミメカゲロウ目のツノトンボのなかま。

和名	オキナワツノトンボ
学名	*Suphalomitus okinawensis*
分類	アミメカゲロウ目ツノトンボ科
分布	日本（沖縄本島、宮古島、石垣島、西表島）
開長	30〜35mm

和名	ボクサーカマキリ
学名	*Acromantis gestr*
分類	カマキリ目ヒメカマキリ科
分布	東南アジア
体長	約30mm

グローブに見える部分の内側、黄色やオレンジと黒からなる模様は、威嚇の際に相手を驚かすために使われる。

沖縄本島北部・ヤンバルの森にのみしか生息しない日本最大の昆虫種。森林破壊の脅威にさらされ、絶滅が危惧されている。

和名	ヤンバルテナガコガネ
学名	*Cheirotonus jambar*
分類	コウチュウ目コガネムシ科
分布	沖縄本島北部
体長	40〜60mm

和名	テナガオサゾウムシ(オス)
学名	*Cyrtotrachelus buqueti*
分類	コウチュウ目オサゾウムシ科
分布	東南アジア
体長	約55mm

長い口吻と、特有の長い前脚が目を引く。前脚はメスよりオスのほうが長いが、メスを守るため、オス同士のけんかのためなど諸説がある。

和名	テナガカミキリ
学名	*Acrocinus longimanus*
分類	コウチュウ目カミキリムシ科
分布	南米
撮影地	フランス領ギアナ
体長	約45〜75mm

外翅の奇天烈な模様と長い脚により独特な威圧感を与える。長い前脚はオス特有のもので、メスの前脚はオスの前脚の半分程度の長さしかない。

上のトゲアリは、日本で確認されている2種のうちの1種の働きアリ。黒色で丸みのある頭部・腹部と、釣り針状のトゲが飛び出した胸部が特徴。

和名	トゲアリ
学名	*Polyrhachis lamellidens*
分類	ハチ目アリ科
分布	日本
撮影地	広島
体長	7〜8mm（働きアリ）、約12mm（女王アリ）

和名	ミツツボオオアリ
学名	*Camponotus inflatus*
分類	ハチ目アリ科
分布	オーストラリア
体長	3〜7mm（働きアリ）、約9mm（女王アリ）

「ミツツボ」の名前のとおり、腹部にミツツボをもつ。オーストラリアの砂漠に住むが、砂漠では花が少なく蜜を得る機会が少ないため腹部に蜜を溜めるという進化を遂げた。

樹木の幹や枝に群れていることが多く、そこにいるカイガラムシやツノゼミが出す甘露を手に入れることを目的としている。

和名	ヨロイアリ
学名	*Meranoplus mucronatus*
分類	ハチ目アリ科
分布	マレーシア
撮影地	マレー半島
体長	約4.5〜5mm

第7章　人智を超えたかたちの昆虫

昆虫名索引

ア行

アイヌハンミョウ	*Cicindela gemmata aino*	83
アエムラミツボシメンガタハナムグリ	*Pachnoda aemula*	29
アオイラガ(幼虫)	*Parasa consocia*	19
アオオビハデツヤカミキリ	*Anoplophora elegans*	31
アカエゾゼミ	*Lyristes flammatus*	11
アカガネオサムシ	*Carabus granulatus granulatus*	63
アカガネサルハムシ	*Acrothinium gaschkevitchii*	57
アカシアアリ	*Pseudomyrmex ferrugineus*	130
アカジマツチハンミョウ	*Berberomeloe majalis*	31
アカズキンカブトツノゼミ	*Enchophyllum cruentatum*	136
アカメガネトリバネアゲハ(オス)	*Ornithoptera croesus croesus*	10
アカモンマルエボシツノゼミ	*Membracis sanguineoplaga*	137
アステカアリのなかま	*Azteca* sp.	131
アポロチョウ	*Parnassius apollo*	22
アミメハチマガイツノゼミ	*Heteronotus reticulatus*	88
アメリカムツボシハンミョウ	*Cicindela sexguttata*	61
アリカツギツノゼミ	*Cyphonia clavata*	96
アリカマキリ(幼虫)	*Odontomantis* sp.	96
アリノタカラ、ミツバアリ	*Eumyrmococcus smithi, Acropyga sauteri*	127、133
アレキサンドラトリバネアゲハ(オス)	*Ornithoptera alexandrae*	38
イタドリハムシ	*Gallerucida bifasciata*	93
ウラギンシジミ(幼虫)	*Curetis acuta*	81
エゾアカヤマアリ、ミヤマムラツノゼミ(幼虫)	*Formica yessensis, Gargara rhodendrona*	126
エダメバエ	*Achias* sp.	143
エドワードサン	*Archaeoattacus edwardsii*	46
エメラルドゼミ	*Zammara smaragdina*	15
オウシツノゼミ	*Leptocentrus taurus*	135
オオアオゾウムシ	*Chlorophanus grandis*	13
オオイクビカマキリモドキ	*Euclimacia badia*	87
オオカバマダラ(前蛹)	*Danaus plexippus*	30
オオカレエダカマキリ	*Paratoxodera cornicollis*	75
オオキノコムシ	*Encaustes praenobilis*	43
オオスズメバチ	*Vespa mandarinia*	99
オオセンチコガネ	*Phelotrupes auratus auratus*	60
オオゾウムシ	*Sipalinus gigas*	77
オオハタザオツノゼミ	*Gigantorhabdus enderleini*	136
オオミズアオ	*Actias aliena*	21
オオミドリサルハムシ	*Platycorynus japonicus*	59
オオムラサキ(オス、メス)	*Sasakia charonda*	41
オオメンガタブラベルスゴキブリ	*Blaberus giganteus*	72
オキナワツノトンボ	*Suphalomitus okinawensis*	149
オトシブミ	*Apoderus jekelii*	128
オドントプテラメダマハゴロモ	*Odontoptera carrenoi*	71
オニグルミクチナガオオアブラムシ、トビイロケアリ	*Stomaphis matsumotoi, Lasius japonicus*	125、133
オニヤンマ	*Anotogaster sieboldii*	106、107

カ行

カクムネベニボタル	*Lyponia quadricollis*	8、9、49
カシコスカシバ	*Synanthedon quercus*	86、99
カブトハナムグリ	*Theodosia viridiaurata*	56
カブトムシ(オス)	*Trypoxylus dichotomus*	100、101

アカエゾゼミ

イタドリハムシ

オオイクビカマキリモドキ

オニヤンマ

154

和名	学名	ページ
カミキリムシのなかま	*Chlorophorus pilosus*	18
カワリコノハツユムシ	*Orophus conspersus*	72
キアシトックリバチ	*Eumenes rubrofemoratus*	112
キイロタマゴバチ	*Trichogramma dendrolimi*	120
キイロテントウ	*Illeis koebelei*	36
キカマキリモドキ	*Eumantispa harmandi*	90
キゴシジガバチ	*Sceliphron madraspatanum*	113
キスジトラカミキリ	*Cyrtoclytus caproides*	85
キボシマルウンカ	*Ishiharanus iguchii*	93
キョウチクトウスズメ(オス)	*Daphnis nerii*	35
キリンクビナガオトシブミ	*Trachelophorus giraffa*	148
ギンコガネ	*Chrysina argenteola*	51
クマドリメダマヤママユ	*Automeris metzli*	46
グラントシロカブト	*Dynastes granti*	20
クロコノマチョウ	*Melanitis phedima*	71
クロボシツツハムシ	*Cryptocephalus signaticeps*	92
クロミドリシジミ(幼虫)	*Favonius yuasai*	77
クロヤマアリ、ミヤマシジミ(幼虫)	*Formica japonica*、*Lycaeides argyrognomon*	122
クワガタマルカメムシ	*Ceratocoris cephalicus*	141
ケクロピア	*Cecropia* sp.	131
ゲンジボタル	*Luciola cruciate*	64、65
ケンランホウセキゾウムシ	*Eupholus magnificus*	31
ゴウシュウキンイロコガネ	*Anoplognathus parvulus*	50
コーカサスオオカブト	*Chalcosoma caucasus*	138
コガネハムシ(フェモラータオオモモブトハムシ)	*Sagra femorata*	58
コノハチョウ	*Kallima inachus*	47
コフキサルハムシ	*Lypesthes ater*	82
コムラサキ(オス)	*Apatura metis substituta*	12
コモリカメノコハムシ	*Acromis sparsa*	147
ゴライアスオオツノハナムグリ	*Goliathus goliathus*	33
ゴライアストリバネアゲハ(オス)	*Ornithoptera goliath*	17
コロラドハムシ	*Leptinotarsa decemlineata*	32
コンボウビワハゴロモ	*Pyrops clavatus*	13

サ行

和名	学名	ページ
サカダチコノハナナフシ(メス)	*Heteropteryx dilatate*	145
サクラコガネ	*Anomala daimiana*	51
サルオガセツユムシ	*Markia hystrix*	76
シイシギゾウムシ	*Curculio hilgendorfi*	89
シカクシロアリのなかま	*Cubitermes* sp.	119
シカツノミバエ	*Phytalmia alcicornis*	141
ジュウシチネンゼミ	*Magicicada septendecim*	104、105
ジュウシホシマクガタテントウ	*Coccinula quatuordecimpustulata*	36
ジュウボシテントウ	*Adalia decempunctata*	37
シュモクバエのなかま	*Teleopsis* sp.	142
シリアゲアリのなかま、カイガラムシのなかま	*Crematogaster* sp.、*Coccus* sp.	130
シロオビタマゴバチ	*Pseudanastatus albitarsis*	120
シロスジメダカハンミョウ	*Therates alboobliquatus*	142
シロゼミ	*Ayuthia spectabile*	23
シロホシテントウ	*Vibidia duodecimguttata*	37
ジンメンカメムシ	*Catacanthus incarnatus*	47
ジンメンコメツキ	*Semiotus imperialis*	33
スカシマダラ	*Pteronymia artena*	146
セラティペスオオナナフシ	*Phobaeticus serratipes*	74
センストビナナフシ	*Tagesoidea nigrofasciata*	45
ソウウンクロオビナミシャク	*Heterothera taigana*	83

カブトハナムグリ

キリンクビナガオトシブミ

ゴライアスオオツノハナムグリ

シュモクバエのなかま

タ行

タイスアゲハ(オス)	*Zerynthia rumina*	40
タマムシ(ヤマトタマムシ)	*Chrysochroa fulgidissima*	54、69
チビアシナガバチのなかま	*Rhopalidia* sp.	115
チョウトンボ	*Rhyothemis fuliginosa*	14
ツムギアリ、アリノスシジミ(幼虫)	*Oecophylla smaragdina, Liphyra brassolis*	126、133
テナガサゾウムシ(オス)	*Cyrtotrachelus longimanus*	150
テナガカミキリ	*Acrocinus longimanus*	151
テントウダマシのなかま	*Eumorphus* spp.	93
トゲアシナナフシ	*Eurycantha calcarata*	144
トゲアシハリナシバチ	*Trigona spinipes*	113
トゲアリ	*Polyrhachis lamellidens*	152
トノサマバッタ	*Locusta migratoria*	108、109
トラフカミキリ	*Xylotrechus chinensis*	86
ドロハマキチョッキリ	*Byctiscus puberulus*	55

テナガカミキリ

ナ行

ナナホシキンカメムシ	*Calliphara exellens*	56
ナナホシテントウ	*Coccinella septempunctata*	37
ナミグンタイアリハネカクシ	*Echitophya gracillima*	95
ナミセンアメリカオオキノコ	*Erotylus onagga*	42
ニジゴミムシダマシ	*Tetraphyllus lunuliger*	63
ニジモンコガネハムシ	*Sagra buqueti*	59
ニホンミツバチ	*Apis cerana*	114
ノコギリタテヅノカブト	*Golofa porter*	140

ニジモンコガネハムシ

ハ行

バーチェルグンタイアリ、トゲダニ亜目のダニ	*Eciton burchellii, Circocyliba* sp.	127
ハイイロセダカモクメ(幼虫)	*Cucullia maculosa*	81
ハキリアリ	*Atta cephalotes*	129
ハチモドキハナアブ	*Monoceromyia pleuralis*	89
ハナカマキリ	*Hymenopus coronatus*	78、79、99
ハヤシケアリ、ヤノクチナガオオアブラムシ	*Lasius hayashi, Stomaphis yanonis*	125
ハラブトゼミ(オス)	*Cystosoma saundersii*	73
ハリアリに似たアリグモ		97
ハンゲツツノゼミ	*Cladonota* sp.	134
ヒカリキノコバエ	*Arachnocampa luminosa*	116
ヒカリコメツキ	*Pyrophorus noctilucus*	67
ヒゲナガケアリ、カエデクチナガオオアブラムシ	*Lasius productus, Stomaphis aceris*	124
ヒシムネカレハカマキリ	*Deroplatys lobata*	44
ヒトツメジンガサハムシ	*Ischnocodia annulus*	147
ヒメカマキリモドキ	*Mantispa japonica*	90
ヒメヨツコブツノゼミ	*Bocydium* sp.	134
ヒョウタンカスミカメ属の近縁	*Pirophorus* sp.	94
ヒョウモンカマキリ(幼虫)	*Theopropus elegans*	80
ヒラズゲンセイ	*Synhoria cephalotes*	11
ヒレアシユウレイナナフシ	*Extatosoma popa*	74、99
ビロードハマキ	*Cerace xanthocosma*	34
フシボソクサアリ、クヌギクチナガオオアブラムシ	*Lasius nipponensis, Stomaphis japonica*	124
フタモンアシナガバチ	*Polistes chinensis*	99
フトバラトゲツノゼミ	*Umbonia crassicornis*	135
ヘイケボタル	*Luciola lateralis*	67
ベニスカシジャノメ	*Cithaerias pireta*	146
ベニツチカメムシ	*Parastrachia japonensis*	29
ヘラクレスサン(メス)	*Coscinocera hercules*	145
ホウセキフタオ	*Polyura delphis delphis*	52

ヒカリキノコバエ

ヒラズゲンセイ

ボクサーカマキリ	*Acromantis gestr*	149
ホソツヤアリバチ	*Methocha yasumatsui*	121

マ行

マメハンミョウ	*Epicauta gorhami*	32
マラヤツヤヒメサスライアリハネカクシ	*Procantonnetia malayensis*	95
マルガタハナカミキリ	*Pachytodes cometes*	80
マレーコケツユムシ	*Trachyzulpha fruhstorferi*	76
ミカドアリバチ	*Mutilla mikado*	97
ミツツボオオアリ	*Camponotus inflatus*	153
ミドリカマキリモドキ	*Zeugomantispa minuta*	91
ミドリトガリメバッタ	*Erianthus serratus*	18
ミドリバナナゴキブリ	*Panchlora nivea*	19
ムナキキベリボタル	*Pyrophanes appendiculate*	66
メガネトリバネアゲハ（オス）	*Ornithoptera priamus priamus*	39
メキシコエボシツノゼミ	*Membracis mexicana*	16
メダマカレハカマキリ	*Deroplatys desiccate*	70
メネラウスモルフォ	*Morpho menelaus occidentalis*	57、69
モーレンカンプオウゴンオニクワガタ	*Allotopus moellenkanpi*	62

メキシコエボシツノゼミ

ヤ行

ヤマトビイロトビケラ	*Nothopsyche montivaga*	118
ヤンバルテナガコガネ	*Cheirotonus jambar*	150
ヨーロッパカツオゾウムシ	*Lixus iridis*	16
ヨーロッパキンケトラカミキリ	*Clytus arietis*	84
ヨーロッパクロクサアリ、クチナガオオアブラムシ	*Lasius fuliginosus*, *Stomaphis* sp.	124
ヨーロッパコフキコガネ	*Melolontha melolontha*	148
ヨーロッパメンガタスズメ	*Acherontia atropos*	34
ヨーロッパヤツボシハナカミキリ	*Rutpela maculate*	53
ヨーロッパヨツボシデオキノコ	*Scaphidium quadrimaculatum*	43
ヨツボシヒラタシデムシ	*Dendroxena sexcarinata*	28
ヨツモンカタビロハナカミキリ	*Pachyta quadrimaculata*	27
ヨナグニコアオハナムグリ	*Gametis forticula yonakuniana*	27
ヨロイアリ	*Meranoplus mucronatus*	153

ヨーロッパヤツボシハナカミキリ

ラ行

リョクモンカタゾウムシ	*Pachyrhynchus taylori*	28
リンゴシジミ	*Strymonidia pruni*	102、103
ルリカスリタテハ	*Hamadryas velutina*	40
ルリゴキブリ	*Eucorydia yasumatsui*	61
ルリボシカミキリ	*Rosalia batesi*	26
ロビニアアメリカトラカミキリ	*Megacyllene robiniae*	85

ルリカスリタテハ

昆虫名索引 157

●クレジット

カバー表1(右上から時計まわり) ©okuyama seiichi/nature pro. /amanaimages ©ishie susumu/Nature Production /amanaimages ©Visuals Unlimited /amanaimages ©okuyama seiichi/nature pro. /amanaimages ©unno kazuo/nature pro. /amanaimages ©okuyama seiichi/nature pro. /amanaimages ©unno kazuo/Nature Production / amanaimages ©okuyama seiichi/nature pro. /amanaimages ©okuyama seiichi/nature pro. /amanaimages カバー表4(下) ©okuyama seiichi/nature pro. /amanaimages ©Science Photo Library/amanaimages ©okuyama seiichi/nature pro. /amanaimages ©okuyama seiichi/nature pro. カバー折り返し(すべて) ©T.Komatsu P008 ©imamori mitsuhiko/Nature Production /amanaimages P009 ©okuyama seiichi/nature pro. /amanaimages P010 ©KAZUO UNNO/SEBUN PHOTO /amanaimages P011上 ©photolibrary P011下 © imai hatsutaro/nature pro. /amanaimages P011右下 © imai hatsutaro/nature pro. /amanaimages P012©unno kazuo/Nature Production / amanaimages P013上 ©KAZUO UNNO/SEBUN PHOTO /amanaimages P013下 ©Gakken /amanaimages P014上 ©ishie susumu/Nature Production /amanaimages P014下 ©MANABU/Nature Production /amanaimages P015 ©Visuals Unlimited /amanaimages P016上 ©KAZUO UNNO/SEBUN PHOTO /amanaimages P016下 Science Photo Library/ amanaimages P017上 ©R.CREATION/orion /amanaimages P017下 ©イメージナビ /amanaimages P018上 Science Photo Library/amanaimages P018下 ©KAZUO UNNO/ SEBUN PHOTO /amanaimages P019上 ©uchiyama ryu/nature pro. /amanaimages P019下 ©photolibrary P020上 ©KAZUO UNNO/SEBUN PHOTO /amanaimages P020下 ©unno kazuo/Nature Production /amanaimages P021上 © unno kazuo/Nature Production /amanaimages P021下 ©photolibrary P022 ©KAZUO UNNO/SEBUN PHOTO /amanaimages P023 © KAZUO UNNO/SEBUN PHOTO /amanaimages P026上 ©T.Komatsu P026下 ©okuyama seiichi/nature pro. /amanaimages P027上 ©T.Komatsu P027 下 ©Science Photo Library/amanaimages P028上 ©Science Photo Library/amanaimages P028下 ©photolibrary P029上 ©Science Photo Library/amanaimages P029下 ©shinkai takashi/Nature Production /amanaimages P030 ©Densey Clyne/Nature Production /amanaimages P031上 ©Koichi Fujiwara/NATURE'S PLANET MUSEUM / amanaimages P031中 ©NPL/amanaimages P031下 ©KAZUO UNNO/SEBUN PHOTO /amanaimages P032 ©photolibrary P032下 ©Science Photo Library/amanaimages P033上 ©KAZUO UNNO/SEBUN PHOTO /amanaimages P033左下 ©KAZUO UNNO/SEBUN PHOTO /amanaimages P033右下 ©unno kazuo/Nature Production /amanaimages P034上 © Nature Picture Library/Nature Production /amanaimages P034下 ©okuyama seiichi/nature pro. /amanaimages P035 ©minato kazuo/nature pro. /amanaimages P036 上 Science Photo Library/amanaimages P036下 ©photolibrary P037上 ©Science Photo Library/amanaimages P037中 ©photolibrary P037下 ©photolibrary P038 ©matsuka kenjiro/nature pro. /amanaimages P039 ©Tobias Titz/fStop /amanaimages P040上 ©KAZUO UNNO/SEBUN PHOTO /amanaimages P040下 ©Nature in Stock /amanaimages P041 ©okuyama seiichi/nature pro. /amanaimages P042 ©KAZUO UNNO/SEBUN PHOTO /amanaimages P043上 ©Gakken /amanaimages P043下 ©imai hatsutaro/nature pro. /amanaimages P044上 ©matsuka kenjiro/nature pro. /amanaimages P044下 ©matsuka kenjiro/nature pro. /amanaimages P045上 ©KAZUO UNNO/SEBUN PHOTO / amanaimages P045下 ©KAZUO UNNO/SEBUN PHOTO /amanaimages P046上 ©KAZUO UNNO/SEBUN PHOTO /amanaimages P046下 ©KAZUO UNNO/SEBUN PHOTO / amanaimages P047上 ©KAZUO UNNO/SEBUN PHOTO /amanaimages P047下 ©okuyama seiichi/nature pro. /amanaimages P049 ©okuyama seiichi/nature pro. / amanaimages P050 ©KAZUO UNNO/SEBUN PHOTO /amanaimages P051上 ©KAZUO UNNO/SEBUN PHOTO /amanaimages P051下 ©imai hatsutaro/nature pro. /amanaimages P052 ©KAZUO UNNO/SEBUN PHOTO /amanaimages P053 ©Science Photo Library/amanaimages P054上 ©okuyama seiichi/nature pro. /amanaimages P054下 ©yasuda mamoru/Nature Production /amanaimages P055上 ©photolibrary P055下 ©yasuda mamoru/Nature Production /amanaimages P056上 ©photolibrary P056下 ©KAZUO UNNO/SEBUN PHOTO /amanaimages P057上 ©okuyama seiichi/nature pro. /amanaimages P057下 ©Nature Picture Library/Nature Production /amanaimages P058上 ©okuyama seiichi/nature pro. /amanaimages P058下 ©okuyama seiichi/nature pro. /amanaimages P059上 ©T.Komatsu P059下 ©KAZUO UNNO/SEBUN PHOTO / amanaimages P060 ©okuyama seiichi/nature pro. /amanaimages P061上 ©Jeremy Woodhouse/Masterfile /amanaimages P061下 ©suzuki tomoyuki/Nature Production / amanaimages P062 ©KAZUO UNNO/SEBUN PHOTO /amanaimages P063上 ©okuyama seiichi/nature pro. /amanaimages P063下 ©NPL/amanaimages P064 ©photolibrary P065下 ©okuyama seiichi/nature pro. /amanaimages P066 ©matsuka kenjiro/Nature Production /amanaimages P067上 ©photolibrary P067中 ©okuyama seiichi/nature pro. /amanaimages P067下 ©NPL/amanaimages P069上 ©okuyama seiichi/nature pro. /amanaimages P069右上 ©yasuda mamoru/Nature Production /amanaimages P069中 ©Nature Picture Library/Nature Production /amanaimages P069左下 ©unno kazuo/nature pro. /amanaimages P070上 ©KAZUO UNNO/SEBUN PHOTO /amanaimages P070下 ©LAWRENCE LAWRY/SCIENCE PHOTO LIBRARY /amanaimages P071上 ©KAZUO UNNO/SEBUN PHOTO /amanaimages P071下 © photolibrary P072上 ©KAZUO UNNO/ SEBUN PHOTO /amanaimages P072下 ©unno kazuo/Nature Production /amanaimages P073 ©Densey Clyne/Nature Production /amanaimages P074上 ©Densey Clyne/Nature Production /amanaimages P074下 ©KAZUO UNNO/SEBUN PHOTO /amanaimages P075 ©KAZUO UNNO/SEBUN PHOTO /amanaimages P076上 ©KAZUO UNNO/SEBUN PHOTO /amanaimages P076下 ©KAZUO UNNO/SEBUN PHOTO /amanaimages P077上 ©matsuka kenjiro/nature pro. /amanaimages P077左下 ©photolibrary P077右下 © okuyama seiichi/nature pro. /amanaimages P078 shutterstock P079 ©okuyama seiichi/nature pro. /amanaimages P080上 ©imamori mitsuhiko/Nature Production / amanaimages P080下 ©yokotsuka makoto/Nature Production /amanaimages P081上 ©moriue nobuo/Nature Production /amanaimages P081下 ©photolibrary P082 ©imamori mitsuhiko/ Nature Production /amanaimages P083上 © imai hatsutaro/Nature Production /amanaimages P083下 ©T.Komatsu P084 ©NPL/amanaimages P085上 ©photolibrary P085 下 ©NPL/amanaimages P086上 ©imamori mitsuhiko/nature pro. /amanaimages P086下 ©shinkai takashi/Nature Production /amanaimages P087 ©T.Komatsu P088 ©KAZUO UNNO/SEBUN PHOTO /amanaimages P089上 ©minato kazuo/nature pro. /amanaimages P089下 ©photolibrary P090上 ©okuyama seiichi/nature pro. /amanaimages P090下 ©MANABU/Nature Production /amanaimages P091 ©NPL/amanaimages P092 ©unno kazuo/Nature Production /amanaimages P093上 ©T.Komatsu P093中 ©photolibrary P093下 ©KAZUO UNNO/SEBUN PHOTO /amanaimages P094 ©T.Komatsu P095上 ©T.Komatsu P095下 ©T.Komatsu P096上 ©T.Komatsu P096下 ©KAZUO UNNO/SEBUN PHOTO /amanaimages P097上 ©T.Komatsu P097下 ©T.Komatsu P099左上 © Densey Clyne/Nature Production /amanaimages P099左 shutterstock P099右下 ©imamori mitsuhiko/nature pro. /amanaimages P099右下 ©shinkai takashi/Nature Production /amanaimages P099左下 ©Nature Picture Library/Nature Production /amanaimages P100 ©photolibrary P101上 ©unno kazuo/nature pro. /amanaimages P101中左 ©imura shigeki/Nature Production /amanaimages P101中右 ©imamori mitsuhiko/Nature Production /amanaimages P101右下 ©imamori mitsuhiko/Nature Production /amanaimages P102 ©Gakken /amanaimages P103左上 ©Gakken /amanaimages P103右上 ©Gakken /amanaimages P103左下 ©Gakken /amanaimages P103 右下 ©imamori mitsuhiko/Nature Production /amanaimages P104 ©Gakken /amanaimages P105左上 ©imamori mitsuhiko/nature pro. /amanaimages P105右下 ©imamori mitsuhiko/ nature pro. /amanaimages P105左下 ©imamori mitsuhiko/nature pro. /amanaimages P105右下 ©imamori mitsuhiko/nature pro. /amanaimages P106 ©photolibrary P107左上 ©photolibrary P107右上 ©shinkai takashi/Nature Production /amanaimages P107左下 ©imamori mitsuhiko/Nature Production /amanaimages P107右下 ©imamori mitsuhiko/Nature Production /amanaimages P108 ©photolibrary P109左上 ©imamori mitsuhiko/nature pro. /amanaimages P109右上 ©imamori mitsuhiko/Nature Production /

amanaimages　P109左下　©photolibrary　P109右下　©MANABU/Nature Production /amanaimages　P112上　©shinkai takashi/Nature Production /amanaimages　P112下 ©MANABU/nature pro. /amanaimages　P113上　©Gakken /amanaimages　P113右上　©Gakken /amanaimages　P113下　©James Christensen/ Minden Pictures /amanaimages P114　©moriue nobuo/Nature Production /amanaimages　P115　©Nature Picture Library/Nature Production /amanaimages　P116　©imamori mitsuhiko/Nature Production / amanaimages　P117　©imamori mitsuhiko/Nature Production /amanaimages　P118　©T.Komatsu　P119　©T.Komatsu　P120上　©fujimaru atsuo/Nature Production /amanaimages P120下　©shinkai takashi/nature pro. /amanaimages　P121　©fujimaru atsuo/Nature Production /amanaimages　P122　©T.Komatsu　P124上　©T.Komatsu　P124中　©T.Komatsu P124下　©T.Komatsu　P125上　©T.Komatsu　P125下　©T.Komatsu　P126上　©T.Komatsu　P126下　©T.Komatsu　P127上　©T.Komatsu　P128上　©unno kazuo/Nature Production /amanaimages　P128下　©okuyama seiichi/nature pro. /amanaimages　P129　©photolibrary　P130上　©KAZUO UNNO/SEBUN PHOTO /amanaimages P130下　©T.Komatsu　P131上　©T.Komatsu　P131下　©T.Komatsu　P133上　©yasuda mamoru/Nature Production /amanaimages　P133中上　©T.Komatsu　P133中下 ©T.Komatsu　P133下　©T.Komatsu　P134上　©KAZUO UNNO/SEBUN PHOTO /amanaimages　P134下　©KAZUO UNNO/SEBUN PHOTO /amanaimages　P135上左　©KAZUO UNNO/SEBUN PHOTO /amanaimages　P135上右　©KAZUO UNNO/SEBUN PHOTO /amanaimages　P135下　©imamori mitsuhiko/Nature Production /amanaimages　P136上 ©KAZUO UNNO/SEBUN PHOTO /amanaimages　P136下　©KAZUO UNNO/SEBUN PHOTO /amanaimages　P137　©KAZUO UNNO/SEBUN PHOTO /amanaimages　P138　©imamori mitsuhiko/Nature Production /amanaimages　P139　©KAZUO UNNO/SEBUN PHOTO /amanaimages　P140上　©KAZUO UNNO/SEBUN PHOTO /amanaimages　P140下　©kubo hidekazu/nature pro. /amanaimages　P141上　©KAZUO UNNO/SEBUN PHOTO /amanaimages　P141下　©KAZUO UNNO/SEBUN PHOTO /amanaimages　P142上　©KAZUO UNNO/ SEBUN PHOTO /amanaimages　P142下　©minato kazuo/nature pro. /amanaimages　P143　©KAZUO UNNO/SEBUN PHOTO /amanaimages　P144上　©Piotr Naskrecki/Minden Pictures/amanaimages　P144下　© The Natural History Museum,London /amanaimages　P145上　©KAZUO UNNO/SEBUN PHOTO /amanaimages　P145下　©KAZUO UNNO/ SEBUN PHOTO /amanaimages　P146上　©KAZUO UNNO/SEBUN PHOTO /amanaimages　P146左下　©Minden Pictures/Nature Production /amanaimages　P146右下　©minato kazuo/nature pro. /amanaimages　P147上　©T.Komatsu　P147中　©ito toshikazu/Nature Production /amanaimages　P147下　©KAZUO UNNO/SEBUN PHOTO /amanaimages　P148 上　©Nature Picture Library/Nature Production /amanaimages　P148下　©KAZUO UNNO/SEBUN PHOTO /amanaimages　P149左上　©Gakken /amanaimages　P149右上 ©KAZUO UNNO/SEBUN PHOTO /amanaimages　P149下　©KAZUO UNNO/SEBUN PHOTO /amanaimages　P150上　©minato kazuo/Nature Production /amanaimages　P150下 ©KAZUO UNNO/SEBUN PHOTO /amanaimages　P151　©T.Komatsu　P152　©T.Komatsu　P153上　©Koichi Fujiwara/NATURE'S PLANET MUSEUM /amanaimages　P153下 ©T.Komatsu

●主要参考文献（刊行年順）

丸山宗利著『ツノゼミ　ありえない虫』（幻冬舎、2011年）

岡島秀治監修『学研の図鑑LIVE　昆虫』（学研教育出版、2014年）

丸山宗利著『昆虫はすごい』（光文社、2014年）

岡島秀治監修『4億年を生き抜いた昆虫』（KKベストセラーズ、2015年）

丸山宗利著『きらめく甲虫』（幻冬舎、2015年）

丸山宗利、養老孟司、中瀬悠太共著『昆虫はもっとすごい』（光文社、2015年）

志村史夫監修『図説　生物たちの超技術』（洋泉社、2015年）

パトリス・ブシャー総編集、丸山宗利監修『世界甲虫大図鑑』（東京書籍、2016年）

丸山宗利監修『へんてこ昆虫　ツノゼミ』（笠倉出版社、2016年）

丸山宗利著『だから昆虫は面白い　くらべて際立つ多様性』（東京書籍、2016年）

丸山宗利著、山口進撮影『わくわく昆虫記　憧れの虫たち』（講談社、2016年）

山口進著『珍奇な昆虫』（光文社、2017年）

監修者プロフィール

丸山 宗利（まるやま むねとし）

1974年東京都出身。北海道大学大学院農学研究科博士課程修了。博士（農学）。九州大学総合研究博物館准教授。大学院修了後、日本学術振興会の特別研究員として3年間国立科学博物館に勤務。2006年から1年間、同会の海外特別研究員としてアメリカ・シカゴのフィールド自然史博物館に在籍。08年より現職。アリと共生する好蟻性昆虫が専門。シカゴ在任中に深度合成写真撮影法に出会う。現在、研究のかたわら、さまざまな昆虫の撮影も行っている。著書に『ツノゼミ ありえない虫』『きらめく甲虫』（共に幻冬舎）、『森と水辺の甲虫誌』（編著）『アリの巣をめぐる冒険』『アリの巣の生きもの図鑑』（共著）（いずれも東海大学出版会）、『世界甲虫大図鑑』（監修）『だから昆虫は面白い くらべて際立つ多様性』（共に東京書籍）などがある。『昆虫はすごい』（光文社新書）がベストセラーとなる。

デザイン 出嶋 勉（decoctdesign）
写　真　amanaimages、小松 貴、Shutterstock、photolibrary
編　集　谷 一志、田口 学、青木 英（アッシュ）
執　筆　幕田けいた、アッシュ

世界の美しすぎる昆虫

2017年5月25日　第1刷発行
2022年8月19日　第2刷発行

監　修　　丸山宗利
発行人　　蓮見清一
発行所　　株式会社宝島社
　　　　　〒102-8388　東京都千代田区一番町25番地
　　　　　電話：03-3234-4621（営業）
　　　　　　　　03-3239-0928（編集）
　　　　　https://tkj.jp

印刷・製本　図書印刷株式会社

本書の無断転載・複製・放送を禁じます。
乱丁・落丁本はお取り替えいたします。

©Munetoshi Maruyama 2017　Printed in Japan
ISBN978-4-8002-7024-5